Chanza Gaitaikuang Yanghuawu Dianci he Jihua Xingzhi Yanjiu

掺杂钙钛矿氧化物电磁和极化性质研究

徐 胜 郑传波 顾艳妮 / 著

中国矿业大学出版社
·徐州·

内 容 简 介

本书集结了作者近年来通过第一性原理方法研究多种钙钛矿结构氧化物在掺杂和应变作用下的结构、电磁和极化性质的研究成果，主要采用第一性原理的杂化密度泛函、广义梯度近似(GGA)和 GGA+U 等方法计算预言掺杂钙钛矿氧化物中出现绝缘体-金属转变、反铁磁-铁磁转变和极化金属性等物理性质，解释重要的实验现象并阐述相关机制，研究成果具有前瞻性、先进性和重要的理论价值。

本书可以作为从事钙钛矿结构氧化物研究和应用开发的研究人员、科技工作者的参考书。

图书在版编目(CIP)数据

掺杂钙钛矿氧化物电磁和极化性质研究 / 徐胜，郑传波，顾艳妮著. —徐州：中国矿业大学出版社，2022.7

ISBN 978-7-5646-5485-6

Ⅰ. ①掺… Ⅱ. ①徐… ②郑… ③顾… Ⅲ. ①钙钛矿—氧化物—研究 Ⅳ. ①P578.4

中国版本图书馆 CIP 数据核字(2022)第 122106 号

书　　名	掺杂钙钛矿氧化物电磁和极化性质研究
著　　者	徐　胜　郑传波　顾艳妮
责任编辑	耿东锋　满建康
出版发行	中国矿业大学出版社有限责任公司
	（江苏省徐州市解放南路　邮编 221008）
营销热线	(0516)83885370　83884103
出版服务	(0516)83995789　83884920
网　　址	http://www.cumtp.com　E-mail：cumtpvip@cumtp.com
印　　刷	苏州市古得堡数码印刷有限公司
开　　本	787 mm×1092 mm　1/16　印张 9.75　字数 249 千字
版次印次	2022 年 7 月第 1 版　2022 年 7 月第 1 次印刷
定　　价	42.50 元

（图书出现印装质量问题，本社负责调换）

前　言

钙钛矿氧化物中自旋、晶格、轨道、电荷之间的耦合作用使其表现出丰富的物理性质：多铁性、极化金属、铁电金属、铁磁性、绝缘体-金属转变、反铁磁-铁磁转变、二维电子气、高温超导等。这些丰富的物理性质使得钙钛矿氧化物有着重要的应用，从而在凝聚态物理学、材料科学、能源科学等领域受到人们广泛且持续的关注。信息技术中不可或缺的海量存储磁记录、磁随机存储、磁传感器等器材都是利用了铁磁材料中的电子自旋性质。近年来铁磁性在自旋电子器件上的重要应用成为科研工作者寻找氧化物基铁磁材料的动力。人们通过掺杂在绝缘体钙钛矿氧化物中引入了铁磁性和金属性。深入地理解氧化物中铁磁性和金属性的起源、掺杂充当的角色以及电磁性质转变的机制，更好地发挥铁磁金属材料在器件中的应用，借助第一性原理计算获得普遍规律的研究是一项非常重要的工作。近年来，第一个固态极化金属 $LiOsO_3$ 的发现掀起了极化金属的研究热潮。极化金属在非线性光学、铁电器件和拓扑材料的量子器件等方面有潜在的应用。对于新的极化金属材料的研究，用第一性原理研究揭示其重要的相互作用机制至关重要。

本书集结了作者近年来通过第一性原理方法研究多种钙钛矿结构氧化物在掺杂和应变作用下的结构、电磁和极化性质的研究成果，主要通过 VASP 软件采用 PBE0、GGA、GGA+U 等方法研究掺杂、应变对钙钛矿结构、电磁和极化性质的影响。第 1 章主要介绍了研究背景。第 2 章介绍了与本书研究成果相关的计算理论和方法。第 3 章介绍了 Ti 位 Nb 掺杂对 $EuTi_{1-x}Nb_xO_3$ 的结构和电磁性质的影响。第 4 章介绍了 H 掺杂和应变共同作用对 $EuTiO_{3-x}H_x$ 的结构、电磁和极化性质的影响。第 5 章介绍了 Gd 掺杂对 $SrTiO_3$ 的结构和电磁性质的影响。第 6 章介绍了 Ru 位 Cu 掺杂对 $SrRu_{1-x}Cu_xO_3$ 结构和电磁性质的影响。第 7 章介绍了 Sr 位 Ce 掺杂对 $Sr_{1-x}Ce_xTiO_3$ 结构和电磁性质的影响。第 8 章介绍了 Eu 掺杂对 $La_{1-x}Eu_xGaO_3$ 的电子结构和磁性质的影响。第 9 章介绍了 Mott 绝缘的 $Y_{1-x}La_xTiO_3$ 的结构和电磁性质。第 10 章介绍了 La 诱导对 $Sr_{1-x}La_xRuO_3$ 的结构和电磁性质的影响。第 11 章介绍了 $EuNbO_3$ 相的电子结构和磁性质。第 12 章介绍了 Nb 掺杂诱导对 $LaMn_{1-x}Nb_xO_3$ 的结构和电磁性质的影响。第 13 章介绍了 VO_2 相的带理论描述。第 14 章介绍了氧空位对 VO_2 M1 相带隙的影响。

本书可以作为从事钙钛矿结构氧化物研究和应用开发的研究人员、科技工作者的参考书。

由于水平所限，书中难免存在错误之处，敬请读者批评指正。

著　者

2022 年 3 月

目 录

第1章 绪论 ... 1
1.1 钙钛矿结构 ... 1
1.2 常见磁结构和钙钛矿氧化物中的几种交换相互作用 ... 2
1.3 掺杂和应变作用下钙钛矿氧化物电磁和极化性质研究进展 ... 3
1.4 掺杂二氧化钒电磁性质的研究进展 ... 11
1.5 极化金属 ... 12
1.6 本书的主要研究内容 ... 14
参考文献 ... 16

第2章 计算理论与方法 ... 24
2.1 绝热近似和 Hartree-Fock 近似 ... 24
2.2 密度泛函理论 ... 25
2.3 赝势 ... 28
2.4 计算软件包介绍 ... 29
参考文献 ... 30

第3章 Nb 掺杂 $EuTiO_3$ 的结构和电磁性质 ... 32
3.1 引言 ... 32
3.2 计算方法 ... 33
3.3 结果与讨论 ... 33
3.4 结论 ... 40
参考文献 ... 41

第4章 应变作用下 $EuTiO_{3-x}H_x$ 中金属的铁电铁磁多铁 ... 44
4.1 引言 ... 44
4.2 计算方法 ... 45
4.3 结果与讨论 ... 46
4.4 结论 ... 54
参考文献 ... 55

第5章 Gd 掺杂 $SrTiO_3$ 的结构和电磁性质 ... 60
5.1 引言 ... 60
5.2 计算方法 ... 61
5.3 结果与讨论 ... 61

| 5.4 结论 | 68 |
| 参考文献 | 68 |

第 6 章 Cu 掺杂 SrRuO₃ 电磁性质的第一性原理研究 …… 71
6.1 引言	71
6.2 计算方法	71
6.3 结果与讨论	72
6.4 结论	77
参考文献	77

第 7 章 Ce 掺杂 SrTiO₃ 的结构和电磁性质研究 …… 79
7.1 引言	79
7.2 计算方法	80
7.3 结果与讨论	80
7.4 结论	83
参考文献	83

第 8 章 Eu 掺杂 $La_{1-x}Eu_xGaO_3$ 的电子结构和磁性质 …… 86
8.1 引言	86
8.2 计算方法	86
8.3 结果与讨论	87
8.4 结论	92
参考文献	92

第 9 章 基于杂化密度泛函计算的 Mott 绝缘 $Y_{1-x}La_xTiO_3$ 的结构和电磁性质 …… 95
9.1 引言	95
9.2 计算方法	96
9.3 结果与讨论	96
9.4 结论	101
参考文献	102

第 10 章 La 诱导 $Sr_{1-x}La_xRuO_3$ 中的铁磁与反铁磁共存 …… 105
10.1 引言	105
10.2 计算方法	106
10.3 结果与讨论	106
10.4 结论	110
参考文献	111

第 11 章　EuNbO$_3$ 相的电子结构和磁性质研究 ············ 114
　11.1　引言 ············ 114
　11.2　计算方法 ············ 115
　11.3　结果与讨论 ············ 115
　11.4　结论 ············ 119
　参考文献 ············ 119

第 12 章　Nb 掺杂诱导 LaMn$_{1-x}$Nb$_x$O$_3$ 的绝缘体-金属转变研究 ············ 122
　12.1　引言 ············ 122
　12.2　计算方法 ············ 123
　12.3　结果与讨论 ············ 123
　12.4　结论 ············ 127
　参考文献 ············ 127

第 13 章　二氧化钒相的结构和电磁性质统一的带理论描述 ············ 129
　13.1　引言 ············ 129
　13.2　计算方法 ············ 130
　13.3　结果与讨论 ············ 130
　13.4　结论 ············ 135
　参考文献 ············ 136

第 14 章　氧空位导致的二氧化钒低温相带隙变窄 ············ 141
　14.1　引言 ············ 141
　14.2　计算方法 ············ 142
　14.3　结果与讨论 ············ 142
　14.4　结论 ············ 146
　参考文献 ············ 146

第1章 绪 论

钙钛矿氧化物种类很多,物理性质多样,有着非常重要的应用,在凝聚态物理、材料科学、能源科学等领域受到人们的广泛关注,并成为这些学科领域持续研究的热点。钙钛矿结构氧化物中有趣的物理现象有铁磁性[1]、超导现象[2-3]、巨磁电阻效应[4]、绝缘体金属转变[5-6]、铁电性[7-8]、二维电子气[9]、光催化[10-11]、多铁性等。

固体中的电荷、质量和电子自旋是现代信息技术的基础。信息技术中不可或缺的海量存储的磁记录介质(例如磁光盘、磁盘和磁带等)利用了铁磁材料中的电子自旋特性。铁磁性在电子器件中的重要应用成为人们寻找氧化物基的室温铁磁性的强大动力[12]。Dietl等[13]首次预言了 Mn 掺杂在 ZnO 中的室温铁磁性,Matsumoto 等首次在实验中发现了 Co 掺杂 TiO_2 的室温铁磁性,近些年室温铁磁性相继在掺杂的钙钛矿结构氧化物中被发现[14-18]。根据缺陷引入而出现铁磁性,人们提出了用缺陷来增强铁磁性,但缺陷的真正作用以及由它引起的磁相互作用机制仍然保持高度可辩论性。因此,理解缺陷在氧化物铁磁性出现中充当的角色显得尤其重要。本书主要介绍了我们近年来研究的多种典型钙钛矿氧化物通过掺杂出现的铁磁性和金属性,讨论掺杂充当的角色。极化金属是近几年新发现的新材料,其金属性和铁电性共存机制尚不完全清晰,本书还介绍了我们研究的以应变作用掺杂 $EuTiO_3$ 的极化金属性的研究成果。下面介绍的研究背景。

1.1 钙钛矿结构

钙钛矿英文名为 perovskite。钙钛矿结构氧化物泛指具有 ABO_3 结构的一系列化合物。A、B 都是金属元素,O 通常指的是氧元素。理想钙钛矿结构具有如图 1.1(a)所示的立方结构,空间群为 Pm-3m,A 位于晶胞的体心,B 位于晶胞的顶点,O 位于晶胞各棱的中点,每个 B 原子和 6 个 O 原子组成正八面体。例如室温下 $SrTiO_3$ 和 $EuTiO_3$ 都有典型的立方结构。实际中很多钙钛矿氧化物结构不是理想的立方结构,BO_6 八面体会发生扭转或畸变,从而形成正交结构或菱面体结构,如图 1.1(b)所示正交的 $LaMnO_3$ 就是典型例子之一。

钙钛矿结构中离子半径之间的关系式为 $r_A+r_O=\sqrt{2}t(r_B+r_O)$,其中 r_A, r_B, r_O 分别为 A、B 和 O 的离子半径,t 为容忍因子。根据经验,为了保持 ABO_3 的电中性,A 离子和 B 离子的价态和通常为 +6,$0.78 \leqslant t \leqslant 1.05$ 时 ABO_3 可以以钙钛矿结构存在[19]。$t=1$ 时为理想情况,t 值越小,结构畸变越大,用 t 可以很好地描述晶体结构偏离理想立方结构的程度。

BO_6 八面体的旋转和倾斜广泛存在于钙钛矿结构中。Glazer[20]较早系统研究 BO_6 八面体的旋转和倾斜,后来 Woodward[21]进一步深入和完善。根据他们的研究,钙钛矿结构中 BO_6 八面体可以绕[001]、[010]、[100]三个立方轴进行旋转和倾斜相结合的操作。正号和负号分别表示某一轴方向上相邻氧八面体沿同向和反向旋转,没有旋转用"0"表示。钙钛矿结构中用 Glazer 符号来标记氧八面体旋转。Glazer 方法表示的旋转系统共有 23 种类型。

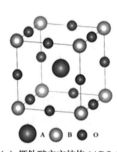 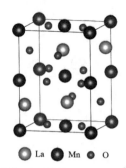

(a)钙钛矿立方结构(ABO₃)　　(b)畸变的钙钛矿结构(LaMnO₃,Pbnm空间群)

图1.1　钙钛矿结构

1.2　常见磁结构和钙钛矿氧化物中的几种交换相互作用

1.2.1　几种常见的磁结构

通过中子衍射的方法,Wollan 等[22]较早研究了 $La_{1-x}Ca_xMnO_3$ 的磁结构。他们发现随着 Ca 掺杂浓度的增大,不同的磁结构在 $La_{1-x}Ca_xMnO_3$ 中出现。图1.2列出了几种锰氧化物中常见的磁有序结构(A、G、C 分别代表 A 型、G 型、C 型反铁磁结构,F 代表铁磁结构。Mn 离子位置为箭头所在位置,箭头方向代表 Mn 离子磁矩方向)。

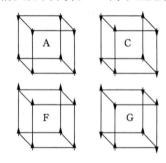

图1.2　锰氧化物中几种常见的磁结构

1.2.2　钙钛矿氧化物中的几种交换相互作用

Ca 掺杂量不同,$La_{1-x}Ca_xMnO_3$ 有着不同的磁有序结构[22],锰离子电子的不同有序排列导致了这些不同的磁有序。通过化学键理论,Goodenough[23]成功定性地解释了不同的磁结构,这些解释已经涉及了 e_g 电子的双交换作用和 t_g 电子反铁磁超交换作用。交换作用本身其实是电子相互作用的一种形式。量子力学中涉及磁有序问题的讨论,通常会以交换作用为基础,交换作用是磁相互作用的根本原因。下面介绍钙钛矿氧化物中几种常见的交换相互作用,了解它们有助于理解钙钛矿氧化物中的磁相变机制。

直接交换作用是指绝缘体内电子的直接耦合作用,又叫海森堡交换作用,用海森堡哈密顿量表示为:

$$H_{ex} = -\sum_{mn} J_{mn} S_m S_n \qquad (1.1)$$

式中，J_{mn} 为第 m 个电子与第 n 个电子之间的交换积分；S_m 和 S_n 分别表示第 m 个电子的自旋和 n 个电子的自旋。对于自由原子中的两个电子态耦合，J_{mn} 通常取正值，电子自旋平行排列；对于两个相邻的局域电子间的耦合，则 J_{mn} 常取负值，电子自旋反平行排列。

1951 年，Zener 提出了双交换作用[24]。他定义了掺杂锰氧化物中简并的态 ψ_1 和态 ψ_2，具体如下：

$$\psi_1 = Mn^{3+}O^{2-}Mn^{4+} \quad 和 \quad \psi_2 = Mn^{4+}O^{2-}Mn^{3+} \qquad (1.2)$$

一个电子从 Mn^{3+} 跳到 O^{2-} 上的同时另外一个电子从 O^{2-} 跳到 Mn^{4+} 上。系统最低能量态对应铁磁排列，这里的间接耦合作用是通过双交换的氧离子来实现的。传导 e_g 电子跳跃在 Mn 离子间时保持 e_g 电子自旋方向不变，由于 t_{2g} 与 e_g 之间的强烈的洪特耦合作用在 Mn 离子间 t_{2g} 电子自旋必须是铁磁排列。反之，当 t_{2g} 电子自旋成反平行排列时，e_g 电子不能发生跳跃。双交换作用非常好地解释了掺杂锰氧化物中的金属性和铁磁性共存的问题。双交换作用通常出现在铁磁序中，但在反铁磁序中则通常出现超交换作用。

超交换作用也叫间接相互作用。1934 年，Kramers[25] 最早提出来间接相互作用，超交换机制则由 Anderson 完成[26-27]，Goodenough[23] 和 Kanamori[28] 进一步完善。钙钛矿锰氧化物中，由于相邻 Mn 离子(Mn1 位和 Mn2 位)间 O 离子的屏蔽作用，金属 Mn 离子难以发生直接相互作用。Mn t_{2g} 电子相邻 Mn 位之间的耦合是 O 2p 电子通过两次 Mn—O 键的迁移来实现的。O 离子的一个 2p 电子(p1 电子)可能迁移到一个 Mn 离子(Mn1 位)的 3d 轨道，轨道处于激发态。此时，O 2p 电子(p1 电子)占据 Mn 3d 轨道，O 离子中另外一个 2p 电子(p2)表现为净自旋。p2 电子和另外一个 Mn 离子(Mn2 位)发生直接交换作用。Mn1 位上 d1 电子和 Mn2 位上 d2 电子的耦合是通过 O 2p 的跃迁来实现的，这种耦合作用叫作超交换作用。Mn 离子间自旋取向可以反铁磁排列，也可以铁磁排列。超交换和双交换作用区别在于，双交换中 Mn—O 之间的电子运动是电子实际跃迁过程，而在超交换中无实际电子跃迁，电子只是在原子间作虚拟跃迁。

1.3 掺杂和应变作用下钙钛矿氧化物电磁和极化性质研究进展

1.3.1 掺杂对 $SrTiO_3$ 电磁性质的影响

$SrTiO_3$ 属于钙钛矿过渡金属氧化物，是带隙为 3.22 eV 的绝缘体[29]，室温下拥有立方结构。它展现出很多非常有趣的现象而被广泛研究：量子顺电性、结构相转变、超导性等。二维电子气在 $SrTiO_3$ 和其他氧化物[30-31] 表面出现为氧化物异质结器件研究开辟了一个新的领域。

掺杂或位错等缺陷导致 $SrTiO_3$ 中出现铁磁性。Ishikawa 等[18] 通过一维晶格缺陷位错嵌入 $SrTi_{1-x}Mn_xO_3$，成功地合成了室温铁磁纳米线，采用原子力显微镜和透射电子显微镜研究了位错的结构和铁磁性。Muralidharan 等[15] 还讨论位错出现铁磁性的根源——Mn^{2+} 离子的电子高自旋态和施主电子之间的反铁磁耦合导致长程序的 Mn—Mn 铁磁交换相互作用。硅衬底上生长的 Co 掺杂的 $SrTiO_3$ 表现出室温铁磁行为[32]，铁磁性出现在 Co 掺杂量为

30%～40%的时候。X射线的光电子能谱显示 $SrTiO_3$ 中的 Ti 原子被 Co 原子部分替代,产生和 Co 离子同等含量的氧空穴,第一性原理计算显示实验中的局域磁矩来源于钴氧空穴复合物[32]。Moetakef 等[33]通过分子束外延的方式制备了 $Sr_{1-x}Gd_xTiO_3$($0 \leqslant x \leqslant 1$)薄膜,研究发现绝缘体金属转变和亚铁磁性出现在 Gd 掺杂的 $SrTiO_3$ 薄膜中。当 $x=0$ 时,$Sr_{1-x}Gd_xTiO_3$ 是非磁的绝缘体;当 $0.028 \leqslant x \leqslant 0.56$ 时,系统表现出了明显的金属性;当 $x>0.56$ 时,体系的亚铁磁性随掺杂量增加逐渐增强。图 1.3 给出了 $Sr_{1-x}Gd_xTiO_3$($0 \leqslant x \leqslant 1$)薄膜的电阻随温度变化曲线。

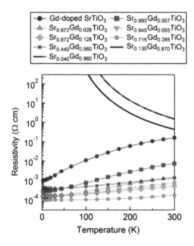

图 1.3　$Sr_{1-x}Gd_xTiO_3$($0 \leqslant x \leqslant 1$)薄膜的电阻随温度变化曲线[33]

Liu 等[17]发现 Nb 掺杂的 $SrTiO_3$ 单晶室温铁磁体通过在空气中退火(使样品主要变为抗磁)可以消除铁磁性,并且可以通过后续的真空退火来恢复铁磁性。磁矩与温度依赖关系与载流子密度和温度依赖性有关,表明磁性与自由载流子相关。Nb 掺杂的 $SrTiO_3$ 单晶铁磁性是由氧空位引起的。图 1.4 给出了 Nb 掺杂 $SrTiO_3$(NSTO)单晶的磁化强度。图 1.4(a)中在整个温度范围内都表现出负的磁矩说明 0.05 wt% 和 0.1 wt% 样品是抗磁性的。图 1.4(b)是 0.5 wt% 样品的磁矩和温度的关系曲线,一个峰在 60 K 处出现。由图 1.4(c)可以明显看出从 2 K 到 300 K 有铁磁性的磁滞回线出现。

掺杂也会导致 $SrTiO_3$ 中出现金属性。Verma 等[34]报道了不同温度和载流子浓度的 La 掺杂 $SrTiO_3$ 的占主导地位电子的散射机制。用约 6 meV 的横向光学声子变电位散射机制解释 10～200 K 之间输运性质对温度依赖性是必要的。(名义上未掺杂)$SrTiO_3$ 内部温度较低的电子迁移率由于声学声子散射而受限。加入上述两种散射机理到纵向光学声子和电离杂质散射机制后,在整个温度范围内(2～300 K)和载流子浓度范围内跨越几个数量级(8×10^{17}～2×10^{20} cm^{-3})条件下,迁移率的实验测量和模型值在定量上出色一致。图 1.5(a)和图 1.5(b)分别给出了 La 掺杂薄膜 $SrTiO_3$ 电子迁移率和电导率的测量值和包含两种散射机制后的模型值[34]。整个温度范围内,不同载流子浓度的所有样品的实验值和理论值定量上出色一致[34]意味着约 6 meV 的横向光学声子变电位散射机制对 $SrTiO_3$ 中间温度载流子流动性的限制负责。Choi 等[35]研究了应变作用下的 La 掺杂 $SrTiO_3$ 外延薄膜的结构和光电性质。研究结果表明,不同的衬底导致不匹配的应变范围为 -2.9%～1.1%,室温的电阻率为约 10^{-2} Ωcm 到 10^{-5} Ωcm,这说明电阻依赖应变和 La 的含量。

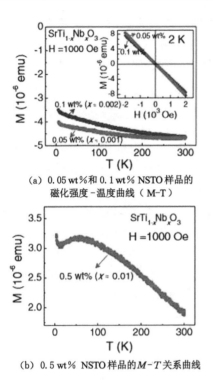
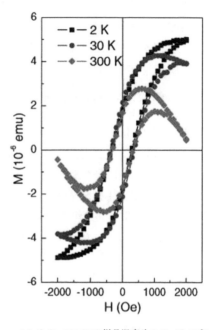

(a) 0.05 wt%和0.1 wt% NSTO样品的磁化强度-温度曲线（M-T）

(b) 0.5 wt% NSTO样品的 M-T 关系曲线

(c) 0.5 wt% NSTO样品温度为2 K、30 K和300 K时的磁化强度-磁场温度关系曲线

图 1.4　Nb 掺杂 $SrTiO_3$（NSTO）单晶的磁化强度[17]

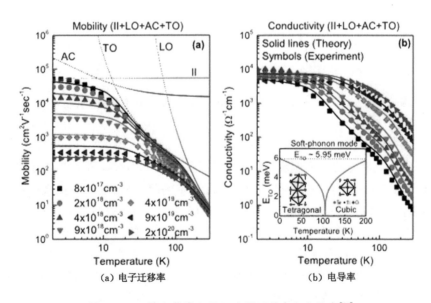

(a) 电子迁移率

(b) 电导率

图 1.5　La 掺杂薄膜 $SrTiO_3$ 电子迁移率和电导率[34]

B 位 Nb 掺杂 $SrTiO_3$ 表现出超导性[36-39]。Lin 等[39]报道了电子辐射的 $SrTi_{0.987}Nb_{0.013}O_3$ 的电阻和磁化率测量，发现电子辐射产生的点缺陷导致电阻有几乎 3 倍的提高，但并不影响超导转变温度 T_c，实验结果和 Anderson（安德森）公式的相关性证明其是具有 s 波超导序参量的超导体，他们确认了最佳掺杂的 $SrTi_{1-x}Nb_xO_3$ 为多带的 s 波超导体。Collignon 等[38]

研究了 $SrTi_{1-x}Nb_xO_3$ 的下临界场 H_{c1} 与载流子浓度的函数关系,旨在量化超流密度。研究发现欠掺杂区载流子浓度低,超流态和正常态载流子浓度相等。最佳掺杂区正常态和超流态载流子浓度相差比较大,并随掺杂量增加进一步增大。到过掺杂区,零温超流密度比正常态载流子密度低得多。

1.3.2 掺杂对 $LaGaO_3$ 电磁性质的影响

绝缘体 $LaGaO_3$ 的带隙实验值为 4.4 eV,常温下稳定为正交结构,空间群为 Pnma。掺杂可以调控 $LaGaO_3$ 的电磁性质。$LaGaO_3$ 的 A 位掺杂主要通过 $Ca^{[40]}$、$Ba^{[41]}$、$Sr^{[42]}$ 等部分替代 La 来实现。Sood 等[40]研究了 Ca 掺杂的 $La_{1-x}Ca_xGaO_{3-\delta}$($x=0, 0.05, 0.1, 0.15, 0.2$)的导电性。研究表明,随着 Ca 掺杂量增加和温度升高,晶格膨胀出现中间相转变。在中间温度 600～800 ℃ 之间,作为电极的 $La_{0.9}Ca_{0.1}GaO_{3-\delta}$ 在掺杂的系统中表现出最高的导电性。图 1.6 给出了 $La_{1-x}Ca_xGaO_{3-\delta}$ 所有样品的导电性,很显然 $x=0.1$(LCG-10)时导电性最佳。他们还研究了 $Ba^{[41]}$ 掺杂 $La_{1-x}Ba_xGaO_{3-\delta}$ 的结构和电性特征,晶体的颗粒尺寸随着 Ba 掺杂量增加而减小;800 ℃ 时,$La_{0.85}Ba_{0.15}GaO_{3-\delta}$ 有最佳的导电性。

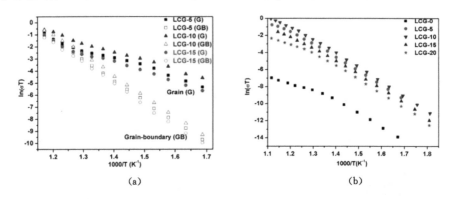

图 1.6 $La_{1-x}Ca_xGaO_{3-\delta}$($x=0, 0.05, 0.1, 0.15, 0.2$)所有样品的导电性[40]

B 位掺杂主要通过 $Mg^{[43]}$、$Co^{[44]}$、$Fe^{[45-46]}$、$Mn^{[47-49]}$、$Bi^{[50]}$、$Cr^{[50]}$、$Tb^{[51]}$ 等部分替代 Ga 来调控 $LaGaO_3$ 结构和电磁性质。Rai 等[45]研究了室温下 $LaGa_{0.7}Fe_{0.3}O_{3-\delta}$ 化合物的磁介质效应。研究发现,Fe^{3+} 和 Fe^{4+} 离子存在导致出现过量的氧空穴,这些氧空穴引起的磁电阻可能控制着室温下实验中出现的磁介电耦合。磁致伸缩作为一种机制对磁电耦合负责,而磁电阻部分主要归因于伴随着空间电荷极化跳跃的电荷输运。当前研究的 Fe 掺杂的 $LaGa_{0.7}Fe_{0.3}O_{3-\delta}$ 是磁电耦合应用的一个候选对象。图 1.7 给出了介电常数在不同磁场下随频率变化关系曲线和在频率为 20 Hz 时磁场为 0 和 1.2 T 时介电常数与温度变化关系曲线。很显然,在全部频率范围内,随着磁场在 0.2～1.2 T 范围内逐渐增加,介电常数在增大[45]。当 0 和 1.2 T 时,介电常数随着温度的增大而增大[45]。Rai 等[47]还通过固相反应法制备了多晶的 $LaGa_{1-x}Mn_xO_3$。所有样品中都出现了介电弛豫,大的介电常数被认为出现在更高掺杂量的样品中。大的介电常数出现归因于 Mn 掺杂增加导致的阻抗减小[47]。为了揭示氧空穴与 B 位阳离子的相互作用,Gambino 等[43]采用实验和理论结合的方法研究了 Mg 掺杂的 $LaGaO_3$($LaGa_{0.875}Mg_{0.125}O_{2.938}$)电解质材料。所有氧空穴的稳定性与 B 位几何扭曲有关,这有可能会显著影响这种电解质中氧离子的扩散过程[43]。

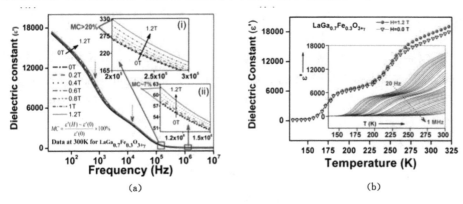

图1.7 介电常数随频率和温度变化关系曲线[45]

A和B位同时掺杂主要通过Sr替代La和Mg替代Ga来调控$LaGaO_3$的[52-54]传导性能和通过Na和V调控$LaGaO_3$的介电和电属性[55],材料通常用作固体氧化物燃料电池的电解质材料[52-54]。Reis等[52]研究了烧结方法对$La_{0.9}Sr_{0.1}Ga_{0.8}Mg_{0.2}O_{3-\delta}$(LSGM)固态电解质的致密化、微结构和离子传导性的影响。粉末样品通过固相反应法制备,在1 250 ℃和1 350 ℃烧结了12 h,并在1 450 ℃和1 500 ℃快速烧结5 min和10 min。用这种方法烧结时杂质含量非常低,1 250 ℃烧结的样品拥有相对高的密度和低的有孔性;1 450 ℃快速烧结10 min的样品拥有最高值的离子传导性[52]。Wang等[54]通过射频磁控溅射成功地制备了含高质量$La_{0.9}Sr_{0.1}Ga_{0.8}Mg_{0.2}O_{3-\delta}$薄膜的固体燃料电池,不管是开路电压、最大功率密度、还是总的电池电阻,单节电池都有非常好的性能,这进一步证实了射频磁控溅射方法是一种可行的制备固体燃料电池中高质量LSGO薄膜的沉淀方法。Acharya等[55]通过高温固相反应法制备$La_{0.5}Na_{0.5}Ga_{0.5}V_{0.5}O_3$陶瓷并研究其介电和电性特征。介电特征显示,$La_{0.5}Na_{0.5}Ga_{0.5}V_{0.5}O_3$是伴随强的弥散相转变的弛豫体。

1.3.3 掺杂对$EuTiO_3$电磁性质的影响

室温下,$EuTiO_3$是空间群为Pm-3m的立方结构的绝缘体[56]。$EuTiO_3$拥有G型反铁磁磁结构,奈尔温度$T_N=5.3$ K[57]。掺杂可以调控$EuTiO_3$的电磁性质。$EuTiO_3$的A位掺杂主要通过Eu位La、Sr、Ba等掺杂来实现的。Mo等[58]研究了Ba掺杂的$Eu_{1-x}Ba_xTiO_3$($x=0,0.04,0.08,0.1$)的结构和磁性质。研究结果表明,所有$Eu_{1-x}Ba_xTiO_3$都稳定为立方结构。由于$EuTiO_3$有强的自旋-晶格耦合作用,随着Ba掺杂量增加,系统的晶格常数增加,奈尔温度T_N逐渐减小,直到$x=0.1$时发生铁磁转变,如图1.8所示。图1.8给出了0.01 T磁场下$Eu_{1-x}Ba_xTiO_3$($x=0,0.04,0.08,0.1$)的磁化强度随温度变化曲线。他们[59]还研究了Sr掺杂$Eu_{1-x}Sr_xTiO_3$($x=0\sim0.1$)的结构和磁性质,图1.9给出了零场冷(ZFC)和场冷(FC)条件下$Eu_{1-x}Sr_xTiO_3$($x=0\sim0.1$)磁化强度随温度变化曲线。所有的$Eu_{1-x}Sr_xTiO_3$都稳定为立方结构,类似Ba掺杂的$EuTiO_3$,$Eu_{0.9}Sr_{0.1}TiO_3$表现出的铁磁性。随着Sr替代Eu的增加,系统晶格常数增加,$Eu_{1-x}Sr_xTiO_3$($x=0\sim0.1$)中的Eu^{2+}磁矩从6.4 μ_B增大到6.6 μ_B,磁矩的提高意味着随着Sr含量的增加系统从Eu 4f之间反铁磁耦合逐渐过渡到铁磁耦合。Rubi 等[60]报道了多晶 $Eu_{1-x}La_xTiO_3$（$0.01 \leqslant x \leqslant 0.2$）的磁性质，基态从 $x=0.01$（奈尔温度 $T_N=5.7$ K）的反铁磁向 $x \geqslant 0.03$ 的铁磁转变，铁磁的居里温度从 $x=0.03$ 时的 $T_c=5.7$ K 增加到 $x=0.3$ 时的 $T_c=7.9$ K，如图 1.10 所示。La^{3+} 替代 Eu^{2+} 导致 t_{2g} 电子 Ti 3d 空带出现，这抑制了反铁磁耦合，并通过 Ruderman-Kittel-Kasuya-Yosida（RKKY）机制促进了 Eu^{2+} 4f 电子的铁磁耦合作用。Takahashi 等[61]研究了 La 掺杂 $Eu_{1-x}La_xTiO_3$ 的薄膜的反常霍尔效应，带填充可能通过掺杂量 x 来控制，系统在导带底附近有简单的带结构，这使得设置反常霍尔效应成为可能。当 $x=0.01$ 时，La 替代 Eu 导致绝缘体-金属转变发生。

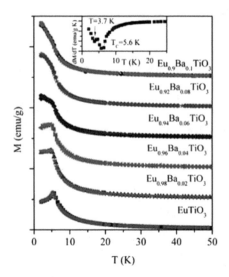

图 1.8 在 0.01 T 磁场下 $Eu_{1-x}Ba_xTiO_3$（$x=0, 0.04, 0.08, 0.1$）的磁化强度随温度变化曲线[58]

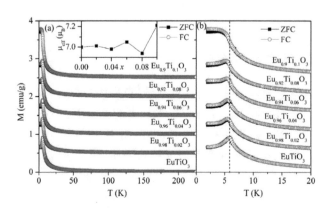

图 1.9 零场冷（ZFC）和场冷（FC）条件下 $Eu_{1-x}Sr_xTiO_3$（$x=0 \sim 0.1$）磁化强度随温度变化曲线[59]

$EuTiO_3$ 的 B 位掺杂主要通过 Mn、Nb、Cr、Zr 等替代 Ti 位来实现。Mo 等[62]研究了 Mn 掺杂的 $EuTi_{1-x}Mn_xO_3$（$0 \sim 0.1$）的结构和磁性质。所有的 $EuTi_{1-x}Mn_xO_3$ 都稳定在立方结构上，当 Ti^{4+} 离子被 Mn^{2+} 离子替代时，晶格常数改变了，Eu^{3+} 态也随之产生。$EuTi_{1-x}Mn_xO_3$（$x>0$）的磁化强度-温度关系曲线显示了顺磁-铁磁转变，Mn 替代 Ti 之后晶格常数变化，从而

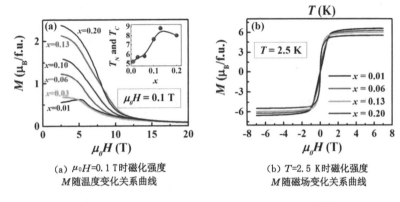

(a) $\mu_0 H=0.1$ T时磁化强度 M 随温度变化关系曲线

(b) $T=2.5$ K时磁化强度 M 随磁场变化关系曲线

图 1.10 磁化强度随温度和磁场变化关系曲线[60]

导致了反铁磁-铁磁转变。Li 等[63]研究了 $EuTi_{1-x}Nb_xO_3$($0 \leqslant x \leqslant 0.5$)的结构和磁相图。室温下,所有样品 $EuTi_{1-x}Nb_xO_3$ 都稳定在立方结构上。图 1.11 给出了 50 Oe 磁场下 $EuTi_{1-x}Nb_xO_3$ 的磁化强度随温度变化曲线。当 $x \leqslant 0.05$ 时,$EuTi_{1-x}Nb_xO_3$ 表现为反铁磁性,随 x 增加 T_N 减小;当 $x > 0.05$ 时,$EuTi_{1-x}Nb_xO_3$ 表现为铁磁性。从图 1.12 中 $EuTi_{1-x}Nb_xO_3$($x=0.2, 0.4$)的电阻率随温度变化曲线可以看出明显的金属性。Li 等[64]进一步研究了 $EuTi_{1-x}Nb_xO_3$($0 \leqslant x \leqslant 0.3$)的结构和磁相图。由于 Nb 掺杂,Pm-3m-I4/mcm 结构转变向更高的温度移动,长程铁磁能在 $x \geqslant 0.1$ 时观察到。Kususe 等[65]报道了 $EuTi_{1-x}Nb_xO_3$($0 \leqslant x \leqslant 0.1$)薄膜的磁性和电输运性质,当 $x=0$ 和 $x=0.01$ 时,系统表现为反铁磁绝缘行为,但当 $x=0.05$ 和 $x=0.1$ 时,系统表现为铁磁金属性。此外,Sagarna 等[66]研究了纳米结构 $EuTi_{1-x}Nb_xO_3$($x=0.00, 0.02$)的电子结构和热电属性。Mo 等[67]还研究了 Cr 掺杂的 $EuTi_{1-x}Cr_xO_3$($x=0.00, 0.02, 0.04, 0.1$)的结构和磁属性。研究结果表明,所有 $EuTi_{1-x}Cr_xO_3$ 样品都稳定为立方结构,随着 Cr 掺杂量增加,系统晶格参数减小,这是由于 Cr^{3+} 离子半径小于 Ti^{4+} 离子半径所导致的。磁化强度-温度关系曲线显示 $EuTi_{1-x}Cr_xO_3$($x=0.02, 0.04, 0.1$)表现出典型的铁磁特征。在 $EuTi_{1-x}Cr_xO_3$ 体系中,为了保证价态平衡,当 Cr^{3+} 离子替代 Ti^{4+} 离子时,氧空位在 O^{2-} 处产生。氧空位导致出现自旋极化的 Ti^{4+} 离子,在 Eu 4f 自旋之间产生了铁磁耦合。Li 等[68]研究表明在含氧空位的 $Eu_{0.5}Ba_{0.5}TiO_{3-\delta}$ 出现反铁磁向铁磁转变的过程中氧空穴有效地调控了磁有序。所以,$EuTi_{1-x}Cr_xO_3$($x=0.02, 0.04, 0.1$)的铁磁性的出现应该归因于 Cr^{3+} 离子的并入。

除了 A 和 B 位掺杂 $EuTiO_3$ 会导致铁磁性之外,元素替代 O 位也可以导致铁磁性,最典型的例子是 H 掺杂的 $EuTiO_3$。Yamamoto 等[69]发现 H 掺杂会导致一个反铁磁-铁磁转变在 $EuTiO_{3-x}H_x$ 中出现,如图 1.13 所示。他们制备了钙钛矿型 $EuTiO_{3-x}H_x$($x \leqslant 0.3$)。$EuTiO_{3-x}H_x$ 稳定为理想立方钙钛矿(Pm-3m),其中 O 或 H 阴离子随机分布。由于异价阴离子交换的电子掺杂,$EuTiO_{3-x}H_x$ 的电阻率显示出金属性。此外,即使在少量氢含量($x=-0.07$)时,反铁磁向铁磁转变也会出现。铁磁性可以通过 Ti 3d 电子在 Eu^{2+} 自旋之间的相互作用机制来解释。

1.3.4 应变诱导 $EuTiO_3$ 产生铁电-铁磁多铁性的研究

近年来,$EuTiO_3$ 由于在应变、掺杂和超晶格作用下表现出铁电-铁磁多铁性、铁磁

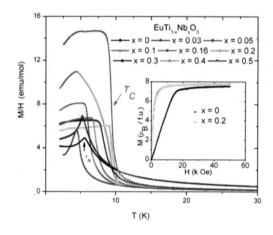

图 1.11　50 Oe 磁场下 $EuTi_{1-x}Nb_xO_3$（$0 \leqslant x \leqslant 0.5$）的磁化强度随温度变化曲线[63]

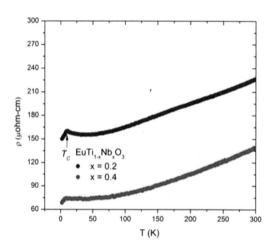

图 1.12　$EuTi_{1-x}Nb_xO_3$（$x=0.2, 0.4$）的电阻率随温度变化曲线[63]

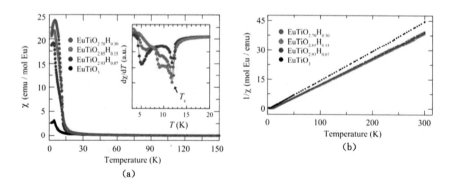

图 1.13　$EuTiO_{3-x}H_x$ 的磁化强度和磁化率随温度变化关系曲线[69]

性[70-72]、反常霍尔效应[73]、磁热效应[74]、二维电子气和超导性[75]等物理性质而受到人们广泛关注。$EuTiO_3$室温下拥有简单立方结构[63],表现出量子顺电行为[76],是顺电与铁电、反铁磁与铁磁之间的多临界平衡[77],应变能诱导其产生铁电-铁磁多铁性[78-79]。Fennie 等[78]从理论上预言了 $EuTiO_3$ 在大的压应变作用下表现出铁磁性(自发磁矩约为 7 μ_B/Eu 原子)和铁电性(自发极化约为 10 $\mu C/cm^2$)。

Lee 等[79]从实验和理论上证实 $DyScO_3$ 衬底上拉应变为 1.1%的外延 $EuTiO_3$ 薄膜表现出铁电-铁磁多铁性,如图 1.14 所示,当温度低于 250 K 时表现出铁电性,低于 4.2 K 时表现出铁磁性。这种强铁电-铁磁体的实现证实了 $EuTiO_3$ 具有强的自旋-晶格耦合作用,也表明应变可以同时调控 $EuTiO_3$ 多个序参量实现铁电-铁磁多铁性。

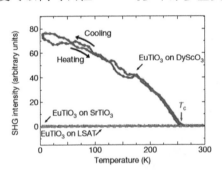 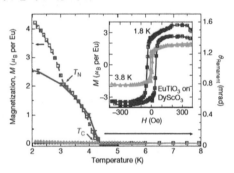

(a) $DyScO_3$、$SrTiO_3$ 和 LSAT 衬底上 $EuTiO_3$ 薄膜的二次谐波发生(SHG)随温度变化曲线

(b) 磁化强度随温度变化曲线(插图是温度为 1.8 K 和 3.8 K 时的磁滞回线)

图 1.14 $DyScO_3$ 衬底上 1.1% 拉应变作用下的 $EuTiO_3$ 薄膜的铁电-铁磁多铁性

1.4 掺杂二氧化钒电磁性质的研究进展

下面先介绍二氧化钒的结构特征,然后介绍掺杂对二氧化钒电磁性质的影响。由于在 68 ℃时发生从绝缘单斜相(M1)向金属四方相(R1)的相转变,二氧化钒在记忆材料、智能窗和光电器件方面有着广泛应用而受到关注。二氧化钒有多个结构相存在,图 1.15 只列出了和实验符合非常好的 R 相、M1 相和 M2 相理论结构图[80]。R 相中钒—钒(V—V)键都是直的,没有二聚化,所有 V—V 键长都相等;M1 相中,V—V 键都有倾斜的,有二聚化,有长短键之分;M2 相中既有直的二聚化的 V—V 键,又有曲折的没有二聚化的 V—V 键。

二氧化钒室温下通常表现为单斜结构的绝缘体,通过掺杂可以调控其电磁性质,通常情况下采用 W、Mo、Zr、Gd、Nb 等掺杂来实现。Émond 等[81]研究了 $LaAlO_3$ 衬底上生长的 $W_{1-x}V_xO_2$ 基的多层结构,发现在没有掺杂和掺杂的二氧化钒薄膜上都出现绝缘体-金属转变的特征。由于有大的电阻热系数和在温度 22~42 ℃ 范围内电阻率低(为 0.012~0.10 Ωcm),多层结构具有适用于非制冷微测辐射热计的特性。图 1.16 所示为铝酸镧衬底上的 $W_xV_{1-x}O_2$ 薄膜的电阻随 W 掺杂量 x 的变化关系图[81]。从图中可以看出,W 掺杂量增加导致多层结构电阻明显下降;所有样品都表现出了低温半导体相向高温金属相转变。Rajeswaran 等[82]采用超声雾化喷雾热解水燃烧技术制备了 W 掺杂的 VO_2 薄膜,研究发现质量百分比为 2% 的 W 掺杂量的薄膜的转变温度由 68 ℃ 变为 25 ℃。

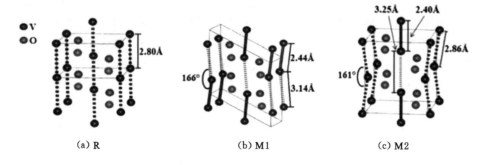

图 1.15　二氧化钒和实验符合非常好的理论计算结构图[80]

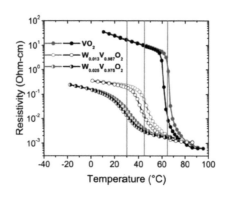

图 1.16　铝酸镧衬底上的 $W_xV_{1-x}O_2$ 薄膜的电阻随 W 掺杂量 x 的变化关系

　　掺杂也可以调控 VO_2 的绝缘体金属转变温度（T_{SMT}），Mo[83]、Zr[84]、Gd[85]、Nb[86]等掺杂导致 T_{SMT} 减小，而 Ge[87]、Ti[88]等掺杂会导致 T_{SMT} 变大。Mo 掺杂可以获得比 VO_2（333.2 K）更低的转变温度（303.7 K）[83]。当 Zr 的掺杂量为 2 wt％时，Zr 掺杂的 VO_2 薄膜的 T_{SMT} 降为 50 ℃[84]。随着 Gd 掺杂量增加，Gd 掺杂的 VO_2 薄膜 T_{SMT} 减小；直到 $x=0.041$ 时，绝缘体-金属转变现象消失。掺杂 VO_2 的薄膜 Ge 掺杂导致 VO_2 的 T_{SMT} 随掺杂量增加明显提高[87]。Ti 掺杂也导致 T_{SMT} 增加，T_{SMT} 从未掺杂 VO_2 薄膜的 61 ℃到掺杂为 2.8 at％时增为 71.5 ℃[88]。

1.5　极化金属

　　因为导电电子能够屏蔽静电场，铁电性通常被认为不能和金属性共存。可是，Anderson 等[89]预言了金属中可能出现铁电性，前提是费米面的电子和铁电畸变之间不耦合。直到 2013 年，Shi 等[90]通过实验发现第一个固态极化金属才证实了 Anderson 等的预言。具有金属性的 $LiOsO_3$，当温度下降到 140 K 左右的时候，开始从中心对称相向铁电相转变。如图 1.17 和图 1.18 所示给出了 $LiOsO_3$ 的晶格参数和电阻率随温度变化关系曲线。

　　极化金属是金属性和极化结构共存的一种新材料。$LiOsO_3$ 极化金属性的发现掀起了极化金属的研究热潮。Ma 等[91]通过第一性原理计算研究了应变作用下 $BaTiO_3$ 基极化金属，报道了在电子掺杂的应变作用 $BaTiO_3$ 中，极性金属相可以稳定，如图 1.19 所示。这种

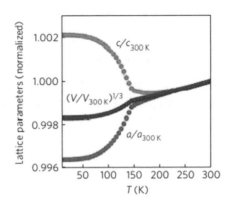

图 1.17　LiOsO$_3$ 的晶格参数随温度变化关系曲线[90]

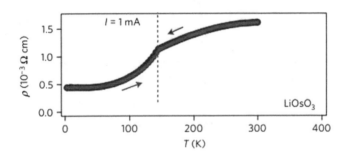

图 1.18　LiOsO$_3$ 的电阻率随温度变化关系曲线[90]

机制与 t$_{2g}$ 能级的移动和带宽的缩小之间的竞争有关。令人惊讶的是，当应变足够大时，电子掺杂可以提高铁电-顺电转变温度，这为制造室温极化金属提供了可能。研究结果表明，应变作用是获得 BaTiO$_3$ 基极化金属的一种很有前途的方法，对于获得易于获得、环境友好的潜在室温极化金属具有实际意义。

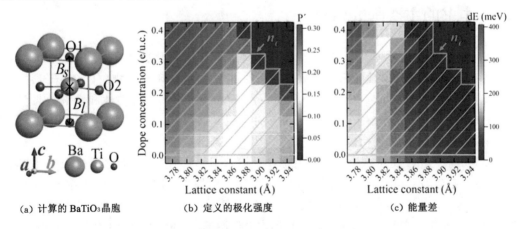

(a) 计算的 BaTiO$_3$ 晶胞　　(b) 定义的极化强度　　(c) 能量差

注：B$_s$ 和 B$_l$ 分别代表短 Ti—O1 键和长 Ti—O1 键长度。

图 1.19　计算的 BaTiO$_3$ 晶胞、定义的极化强度 P'、能量差 dE

Yao 等[92]报道了薄膜 PbNb$_{0.12}$Ti$_{0.88}$O$_{3-\delta}$ 中多铁性和金属行为的室温共存。氧空位诱导的电子变得非定域化，改善了这些薄膜的铁磁特性，但它们不能消除每个晶胞中的极移和单个偶极子。对含氧空位的 12.5% Nb 掺杂钛酸铅进行的第一性原理计算也证实了这种多铁性和金属性能同时出现。图 1.20 给出了 PbNb$_{0.12}$Ti$_{0.88}$O$_{3-\delta}$ 薄膜的极化强度随电场的电滞回线和电阻率随温度变化关系曲线的实验结果。从图中可以判断铁电性和金属性共存。这些发现为多铁性金属材料制造开辟了道路，并为多铁性自旋电子器件提供了潜在的应用。

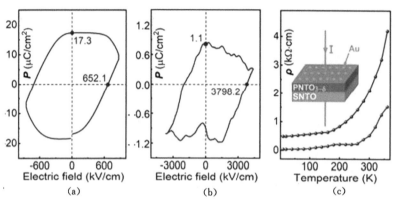

图 1.20 薄膜 PbNb$_{0.12}$Ti$_{0.88}$O$_{3-\delta}$ 极化强度随电场的电滞回线和电阻率随温度变化关系曲线[92]

极化金属在非线性光学[93]、铁电器件[94]和拓扑材料的量子器件[95]等方面有潜在的应用。至今，极化金属已经成为凝聚态物理和材料科学的热门研究材料，受到国内外科学家的广泛关注。最近，Nature[96]、Nature Physics[97]、Nature Communications[98-100]、Science Advances[101]、Physical Review Letters[102]等国际著名期刊相继从实验上发现和理论上预言了一些极化金属。但金属性和铁电性共存的微观机制尚不完全明确，有待于进一步探索。

1.6 本书的主要研究内容

本书利用第一性原理方法主要研究了几种典型钙钛矿氧化物通过掺杂后出现的铁磁金属相，探索铁磁性和金属性的来源及掺杂充当的角色，为钙钛矿氧化物在自旋电子器件中的应用奠定一定的理论基础。极化金属是近几年发现的新材料，其金属性和铁电性共存机制尚不完全清晰，本书还介绍了我们研究的应变作用下掺杂 EuTiO$_3$ 的极化金属性的最新成果。本书主要研究成果包括以下内容：

（1）用杂化密度泛函理论方法研究了 Nb 掺杂 EuTiO$_3$ 的结构和电磁性质。计算结果表明，整个系列的 EuTi$_{1-x}$Nb$_x$O$_3$ 稳定在立方钙钛矿结构中。EuTi$_{1-x}$Nb$_x$O$_3$ 在 $x=0$ 时为反铁磁绝缘体，在 $0.125 \leqslant x \leqslant 1$ 时为铁磁金属，这与实验一致。Nb 掺杂在 $0.125 \leqslant x$ 时诱导巡游电子进入导带底部，费米能级向上移动。由巡游的 Ti 3d 和 Nb 4d 电子产生的 Eu^{2+} 自旋之间的 RKKY 型相互作用可以解释 EuTi$_{1-x}$Nb$_x$O$_3$ 中的铁磁性。本研究从理论上解释了 EuTi$_{1-x}$Nb$_x$O$_3$ 中铁磁性的来源。还报道了应变作用下的 H 掺杂外延 EuTiO$_3$ 薄膜中金属的铁电-铁磁多铁性。极化金属中磁性的出现为拓展这些材料的应用提供了一个新的自由度。我们讨论了金属性、铁电性和铁磁性的共存机制。金属 EuTiO$_{3-x}$H$_x$ 中的铁磁性是由 RKKY 相互作用来解释的,这与实验相符。此外,从第一性原理出发,对实验观察到的三种 EuNbO$_3$ 相——正交相(空间群 Imma)、四方相(空间群 I4/mcm)和立方相(空间群 Pm-3m)的结构和电磁性质进行了密度泛函理论(DFT)研究。计算得到的基态结构参数和磁性能与实验结果一致。

(2) 对 Sr$_{1-x}$Gd$_x$TiO$_3$ 和 Sr$_{1-x}$Ce$_x$TiO$_3$ 的结构和电磁性质进行了第一性原理密度函数理论研究。自旋极化计算得出 $x=0$ 时系统为抗磁绝缘体,$0.125 \leqslant x \leqslant 0.5$ 时是铁磁性金属,$x=1$ 时是铁磁绝缘体。所有 Ti 离子磁矩与 Gd 离子磁矩反平行。磁性 Gd 掺杂会扭曲 Sr$_{1-x}$Gd$_x$TiO$_3$ 薄膜的结构并产生铁磁性。计算结果表明,Sr$_{1-x}$Ce$_x$TiO$_3$ 稳定在立方钙钛矿结构中,Ce 掺杂导致 Sr$_{1-x}$Ce$_x$TiO$_3$ 的晶格参数、晶胞体积、Ti—O 键长都增大,但 Ti—O—Ti 键角减小。Sr$_{1-x}$Ce$_x$TiO$_3$ 在 $x=0$ 时为非磁绝缘体,在 $0.125 \leqslant x \leqslant 0.25$ 时为铁磁半金属。Ce 掺杂导致 Sr$_{1-x}$Ce$_x$TiO$_3$ 在 $x=0.125$ 时产生非磁绝缘体向铁磁半金属的转变。

(3) 采用第一性原理的广义梯度近似加 U 的方法(GGA+U)研究了 SrRu$_{1-x}$Cu$_x$O$_3$ 和 Sr$_{1-x}$La$_x$RuO$_3$ 的结构和电磁相转变。研究结果表明,SrRu$_{1-x}$Cu$_x$O$_3$ 在 $x=0$ 和 0.125 时拥有正交结构,但在 $x=0.25$ 和 0.5 时却稳定在四方结构中。SrRu$_{1-x}$Cu$_x$O$_3$ 在 $x \leqslant 0.125$ 时为铁磁金属,但在 $0.125 < x \leqslant 0.5$ 时为反铁磁绝缘体。Cu 掺杂诱导 SrRu$_{1-x}$Cu$_x$O$_3$ 在 $x=0.25$ 时产生正交-四方结构相变、铁磁-反铁磁转变和金属-绝缘体转变。整个系列的 Sr$_{1-x}$La$_x$RuO$_3$($x=0,0.125,0.25,0.5,1$)稳定在正交钙钛矿结构中。自旋极化计算得出了基态在 $0 \leqslant x \leqslant 0.25$ 时是铁磁半金属态,在 $x=0.5$ 时是铁磁半金属态和反铁磁绝缘态共存,在 $x=1$ 时是反铁磁金属态,与实验结果吻合。La 取代 Sr 减小了 Ru—O—Ru 键角,导致更强的 GdFeO$_3$ 畸变。

(4) 用广义梯度近似(GGA)方法研究了 La$_{1-x}$Eu$_x$GaO$_3$($x=0$、0.25、0.5、0.75、1)的结构和电磁性质。自旋极化计算表明,$x \leqslant 0.5$ 时系统基态是反铁磁绝缘体,当 $x>0.5$ 时是铁磁性半金属。磁性 Eu 离子取代非磁性 La 离子产生强自旋极化,这有力地促使系统从绝缘体到半金属转化。

(5) 用杂化密度泛函方法研究了 Mott(莫特)绝缘 Y$_{1-x}$La$_x$TiO$_3$ 的结构和电磁性质。Y$_{1-x}$La$_x$TiO$_3$ 稳定在正交钙钛矿结构中。随着 x 的增大,晶格参数和单胞体积几乎呈线性增大。Y$_{1-x}$La$_x$TiO$_3$ 在 $x=0$ 和 $x=0.25$ 时为铁磁绝缘体,在 $x=0.5$ 和 $x=0.75$ 时为 A 型反铁磁绝缘体,在 $x=1$ 时为 G 型反铁磁绝缘体。自旋玻璃预测出现在 $0.25 < x \leqslant 0.5$ 之间。计算得到的 Y$_{1-x}$La$_x$TiO$_3$ 的晶格参数、带隙和磁基态与实验数据吻合良好。

(6) 采用基于密度泛函理论(DFT)的第一性原理计算,系统研究了 Nb 掺杂 LaMn$_{1-x}$Nb$_x$O$_3$ 的结构和电磁性质。计算结果表明,所有的 LaMn$_{1-x}$Nb$_x$O$_3$ 都稳定在正交结构中。LaMn$_{1-x}$Nb$_x$O$_3$,当 $x<0.5$ 时为 A 型反铁磁绝缘体,在 $x=0.5$ 和 0.75 时为 G 型反铁磁金属。随着 Nb 掺杂量增加,当 $x=0.5$ 时掺杂电子占据导带的底部,系统产生绝缘体-金属转变。

(7) 使用杂化交换泛函解释了不同相的绝缘或金属性,但尚未成功解释观测到的磁有序。强相关理论在数量上的成功有限。我们通过使用硬赝势和优化的杂化交换泛函计算后知,单斜 VO$_2$ 相的能隙和磁有序以及高温金红石相的金属性与已有的实验数据一致,无须过多考虑强关联的作用。同时,我们还发现了新的金属单斜相的潜在候选对象。通过杂化泛函方法对含氧空穴的低温绝缘 VO_2 非磁 M1 相进行第一性原理研究,研究发现,含氧空穴的 M1 的晶格参数几乎不变,但氧空穴附近的长的 V—V 键长却变短了。进一步研究发现,尽管纯的非磁 M1 的带隙是 0.68 eV,但含 O1 和 O2 位的氧空穴非磁 M1 带隙分别为 0.23 eV 和 0.20 eV,同时含有 O1 和 O2 位氧空穴非磁 M1 带隙为 0.15 eV,这很好地解释了实验结果。

参考文献

[1] BRISTOWE N C, VARIGNON J, FONTAINE D, et al. Ferromagnetism induced by entangled charge and orbital orderings in ferroelectric titanate perovskites[J]. Nature communications, 2015, 6:6677.

[2] WU J, BOLLINGER A T, HE X, et al. Spontaneous breaking of rotational symmetry in copper oxide superconductors[J]. Nature, 2017, 547(7664):432-435.

[3] BOŽOVIĆ I, HE X, WU J, et al. Dependence of the critical temperature in overdoped copper oxides on superfluid density[J]. Nature, 2016, 536(7616):309-311.

[4] WU J, LYNN J W, GLINKA C J, et al. Intergranular giant magnetoresistance in a spontaneously phase separated perovskite oxide[J]. Physical review letters, 2005, 94(3):037201.

[5] DING Y, YANG L X, CHEN C C, et al. Pressure-induced confined metal from the Mott insulator $Sr_3Ir_2O_7$[J]. Physical review letters, 2016, 116(21):216402.

[6] GUENNOU M, BOUVIER P, TOULEMONDE P, et al. Jahn-Teller, polarity, and insulator-to-metal transition in $BiMnO_3$ at high pressure[J]. Physical review letters, 2014, 112(7):075501.

[7] DATTA K, NEDER R B, CHEN J, et al. Favorable concurrence of static and dynamic phenomena at the morphotropic phase boundary of $xBiNi_{0.5}Zr_{0.5}O_3$-$(1-x)PbTiO_3$[J]. Physical review letters, 2017, 119(20):207604.

[8] FAN L L, CHEN J, REN Y, et al. Unique piezoelectric properties of the monoclinic phase in $Pb(Zr,Ti)O_3$ ceramics: large lattice strain and negligible domain switching[J]. Physical review letters, 2016, 116(2):116027601.

[9] SHANAVAS K V, SATPATHY S. Electric field tuning of the rashba effect in the polar perovskite structures[J]. Physical review letters, 2014, 112(8):086802.

[10] NASSAR I M, WU S L, LI L, et al. Facile preparation of n-type $LaFeO_3$ perovskite film for efficient photoelectrochemical water splitting[J]. Chemistry select, 2018, 3(3):968-972.

[11] XIANG S W, ZHANG Z Y, GONG C, et al. $LaFeO_3$ nanoparticle-coupled TiO_2 nanotube array composite with enhanced visible light photocatalytic activity[J]. Materials letters, 2018, 216:1-4.

[12] OHNO H. Making nonmagnetic semiconductors ferromagnetic[J]. Science,

1998,281(5379):951-956.

[13] DIETL T, OHNO H, MATSUKURA F, et al. Zener model description of ferromagnetism in zinc-blende magnetic semiconductors[J]. Science, 2000, 287(5455):1019-1022.

[14] ALVAREZ G, CONDE-GALLARDO A, MONTIEL H, et al. About room temperature ferromagnetic behavior in $BaTiO_3$ perovskite [J]. Journal of magnetism and magnetic materials, 2016, 401:196-199.

[15] MURALIDHARAN M, ANBARASU V, ELAYA PERUMAL A, et al. Room temperature ferromagnetism in Cr doped $SrSnO_3$ perovskite system[J]. Journal of materials science: materials in electronics, 2017, 28(5):4125-4137.

[16] MITRA C, LIN C, POSADAS A B, et al. Role of oxygen vacancies in room-temperature ferromagnetism in cobalt-substituted $SrTiO_3$[J]. Physical review B, 2014, 90(12):125130.

[17] LIU Z Q, LÜ W M, LIM S L, et al. Reversible room-temperature ferromagnetism in Nb-doped $SrTiO_3$ single crystals[J]. Physical review B, 2013, 87(22):220405.

[18] ISHIKAWA R, SHIMBO Y, SUGIYAMA I, et al. Room-temperature dilute ferromagnetic dislocations in $Sr_{1-x}Mn_xTiO_{3-\delta}$[J]. Physical review B, 2017, 96(2):024440.

[19] RANDALL C A, BHALLA A S. Nanostructural-property relations in complex lead perovskites[J]. Japanese journal of applied physics, 1990, 29(2R):327.

[20] GLAZER A M. The classification of tilted octahedra in perovskites[J]. Acta crystallographica section B, 1972, 28(11):3384-3392.

[21] WOODWARD P M. Octahedral tilting in perovskites. II. structure stabilizing forces[J]. Acta crystallographica section B: structural science, 1997, 53(1):44-66.

[22] WOLLAN E O, KOEHLER W C. Neutron diffraction study of the magnetic properties of the series of perovskite-type compounds $[(1-x)La, xCa]MnO_3$[J]. Physical review, 1955, 100(2):545-563.

[23] GOODENOUGH J B. Theory of the role of covalence in the perovskite-type manganites[La, M(II)]MnO_3[J]. Physical review, 1955, 100(2):564-573.

[24] ZENER C. Interaction between the d-shells in the transition metals. II. ferromagnetic compounds of Manganese with perovskite structure[J]. Physical review, 1951, 82(3):403-405.

[25] KRAMERS H A. On the classical theory of the spinning electron[J]. Physica, 1934, 1(7/8/9/10/11/12):825-828.

[26] ANDERSON P W. Generalizations of the weiss molecular field theory of antiferromagnetism[J]. Physical review, 1950, 79(4):705-710.

[27] ANDERSON P W. Antiferromagnetism. theory of superexchange interaction[J]. Physical review, 1950, 79(2):350-356.

[28] KANAMORI J. Theory of the magnetic properties of ferrous and cobaltous oxides, II[J]. Progress of theoretical physics, 1957, 17(2): 197-222.

[29] NOLAND J A. Optical absorption of single-crystal strontium titanate[J]. Physical review, 1954, 94(3): 724.

[30] ZHANG H R, ZHANG Y, ZHANG H, et al. Magnetic two-dimensional electron gas at the manganite-buffered $LaAlO_3/SrTiO_3$ interface[J]. Physical review B, 2017, 96(19): 195167.

[31] NIU W, ZHANG Y, GAN Y L, et al. Giant tunability of the two-dimensional electron gas at the interface of $\gamma\text{-}Al_2O_3/SrTiO_3$[J]. Nano letters, 2017, 17(11): 6878-6885.

[32] POSADAS A B, MITRA C, LIN C, et al. Oxygen vacancy-mediated room-temperature ferromagnetism in insulating cobalt-substituted $SrTiO_3$ epitaxially integrated with silicon[J]. Physical review B, 2013, 87(14): 144422.

[33] MOETAKEF P, CAIN T A. Metal-insulator transitions in epitaxial $Gd_{1-x}Sr_xTiO_3$ thin films grown using hybrid molecular beam epitaxy[J]. Thin solid films, 2015, 583: 129-134.

[34] VERMA A, KAJDOS A P, CAIN T A, et al. Intrinsic mobility limiting mechanisms in lanthanum-doped strontium titanate[J]. Physical review letters, 2014, 112(21): 216601.

[35] CHOI M, POSADAS A B, RODRIGUEZ C A, et al. Structural, optical, and electrical properties of strained La-doped $SrTiO_3$ films[J]. Journal of applied physics, 2014, 116(4): 043705.

[36] LIN X, GOURGOUT A, BRIDOUX G, et al. Multiple nodeless superconducting gaps in optimally doped $SrTi_{1-x}Nb_xO_3$[J]. Physical review B, 2014, 90(14): 140508.

[37] KLIMIN S N, TEMPERE J, VAN DER MAREL D, et al. Microscopic mechanisms for the Fermi-liquid behavior of Nb-doped strontium titanate[J]. Physical review B, 2012, 86(4): 045113.

[38] COLLIGNON C, FAUQUÉ B, CAVANNA A, et al. Superfluid density and carrier concentration across a superconducting dome: the case of strontium titanate[J]. Physical review B, 2017, 96(22): 224506.

[39] LIN X, RISCHAU C W, VAN DER BEEK C J, et al. S-wave superconductivity in optimally doped $SrTi_{1-x}Nb_xO_3$ unveiled by electron irradiation[J]. Physical review B, 2015, 92(17): 174504.

[40] SOOD K, SINGH K, BASU S, et al. Optical, thermal, electrical and morphological study of $La_{1-x}Ca_xGaO_{3-\delta}$ ($x=0, 0.05, 0.10, 0.15$ and 0.20) electrolyte[J]. Journal of the European ceramic society, 2016, 36(13): 3165-3171.

[41] SOOD K, SINGH K, PANDEY O P. Structural and electrical behavior of Ba-doped $LaGaO_3$ composite electrolyte[J]. Journal of renewable and sustainable energy, 2014, 6(6): 063112.

[42] BELKHIRIA F, RHOUMA F I H, HCINI S, et al. Polycrystalline $La_{0.8}Sr_{0.2}GaO_3$ perovskite synthesized by Sol-Gel process along with temperature dependent photoluminescence[J]. Journal of luminescence, 2017, 181: 1-7.

[43] GAMBINO M, DI TOMMASO S, GIANNICI F, et al. Defect interaction and local structural distortions in Mg-doped $LaGaO_3$: a combined experimental and theoretical study[J]. The journal of chemical physics, 2017, 147(14): 144702.

[44] TOULEMONDE O, DEVOTI A, ROSA P, et al. Probing co- and Fe-doped $LaMO_3$ (M = Ga, Al) perovskites as thermal sensors[J]. Dalton transactions, 2018, 47(2): 382-393.

[45] RAI H M, SINGH P, SAXENA S K, et al. Room-temperature magneto-dielectric effect in $LaGa_{0.7}Fe_{0.3}O_{3+\gamma}$: origin and impact of excess oxygen[J]. Inorganic chemistry, 2017, 56(7): 3809-3819.

[46] SINGH P, CHOUDHURI I, RAI H M, et al. Fe doped $LaGaO_3$: good white light emitters[J]. RSC advances, 2016, 6(102): 100230-100238.

[47] RAI H M, SAXENA S K, LATE R, et al. Observation of large dielectric permittivity and dielectric relaxation phenomenon in Mn-doped lanthanum gallate[J]. RSC advances, 2016, 6(32): 26621-26629.

[48] RAI H M, LATE R, SAXENA S K, et al. Room temperature magnetodielectric studies on Mn-doped $LaGaO_3$ [J]. Materials research express, 2015, 2(9): 096105.

[49] RAI H M, SAXENA S K, MISHRA V, et al. Observation of room temperature magnetodielectric effect in Mn-doped lanthanum gallate and study of its magnetic properties[J]. Journal of materials chemistry C, 2016, 4(46): 10876-10886.

[50] KAMAL C S, RAO T K V, SAMUEL T, et al. Blue to magenta tunable luminescence from $LaGaO_3$: Bi^{3+}, Cr^{3+} doped phosphors for field emission display applications[J]. RSC advances, 2017, 7(71): 44915-44922.

[51] SAMUEL T, SATYA KAMAL C, RAVIPATI S, et al. High purity green photoluminescence emission from Tb_3+, Bi_3+ co-doped $LaGaO_3$ nanophosphors [J]. Optical materials, 2017, 69: 230-237.

[52] REIS S L, MUCCILLO E N S. Microstructure and electrical conductivity of fast fired Sr- and Mg-doped lanthanum gallate[J]. Ceramics international, 2016, 42(6): 7270-7277.

[53] HWANG J, Lee H, Lee J-H, et al. Specific considerations for obtaining appropriate $La_{1-x}Sr_xGa_{1-y}Mg_yO_{3-\delta}$ thin films using pulsed-laser deposition and its influence on the performance of solid-oxide fuel cells[J]. Journal of power sources, 2015, 274: 41-47.

[54] WANG S F, LU H C, HSU Y F, et al. Solid oxide fuel cells with (La, Sr)(Ga, Mg)$O_{3-\delta}$ electrolyte film deposited by radio-frequency magnetron sputtering[J]. Journal of power sources, 2015, 281: 258-264.

[55] ACHARYA T, CHOUDHARY R N P. Dielectric and electrical characteristics of $La_{0.5}Na_{0.5}Ga_{0.5}V_{0.5}O_3$[J]. Physics letters A, 2016, 380(31/32): 2437-2444.

[56] AKAMATSU H, FUJITA K, HAYASHI H, et al. Crystal and electronic structure and magnetic properties of divalent europium perovskite oxides $EuMO_3$ (M=Ti, Zr, and Hf): experimental and first-principles approaches[J]. Inorganic chemistry, 2012, 51(8): 4560-4567.

[57] MCGUIRE T R, SHAFER M W, JOENK R J, et al. Magnetic structure of $EuTiO_3$[J]. Journal of applied physics, 1966, 37(3): 981-982.

[58] MO Z J, HAO Z H, DENG J Z, et al. Observation of giant magnetocaloric effect under low magnetic field in $Eu_{1-x}Ba_xTiO_3$[J]. Journal of alloys and compounds, 2017, 694: 235-240.

[59] MO Z J, SUN Q L, WANG C H, et al. Effects of Sr-doping on the giant magnetocaloric effect of $EuTiO_3$[J]. Ceramics international, 2017, 43(2): 2083-2088.

[60] RUBI K, MIDYA A, MAHENDIRAN R, et al. Magnetocaloric properties of $Eu_{1-x}La_xTiO_3$ ($0.01 \leq x \leq 0.2$) for cryogenic magnetic cooling[J]. Journal of applied physics, 2016, 119(24): 243901.

[61] TAKAHASHI K S, ONODA M, KAWASAKI M, et al. Control of the anomalous Hall effect by doping in $Eu_{1-x}La_xTiO_3$ thin films[J]. Physical review letters, 2009, 103(5): 057204.

[62] MO Z J, SUN Q L, HAN S, et al. Effects of Mn-doping on the giant magnetocaloric effect of $EuTiO_3$ compound[J]. Journal of magnetism and magnetic materials, 2018, 456: 31-37.

[63] LI L, ZHOU H D, YAN J Q, et al. Research Update: magnetic phase diagram of $EuTi_{1-x}B_xO_3$ (B=Zr, Nb)[J]. APL materials, 2014, 2(11): 110701.

[64] LI L, MORRIS J, KOEHLER M, et al. Structural and magnetic phase transitions in $EuTi_{1-x}Nb_xO_3$[EB/OL]. 2015: arXiv: 1505.05528. https://arxiv.org/abs/1505.05528".

[65] KUSUSE Y, MURAKAMI H, FUJITA K, et al. Magnetic and transport properties of $EuTiO_3$ thin films doped with Nb[J]. Japanese journal of applied physics, 2014, 53(5S1): 05FJ07.

[66] SAGARNA L, SHKABKO A, POPULOH S, et al. Electronic structure and thermoelectric properties of nanostructured $EuTi_{1-x}Nb_xO_{3-\delta}$ ($x=0.00; 0.02$) [J]. Applied physics letters, 2012, 101(3): 033908.

[67] MO Z J, HAO Z H, SHEN J, et al. Observation of giant magnetocaloric effect in $EuTi_{1-x}Cr_xO_3$[J]. Journal of alloys and compounds, 2015, 649: 674-678.

[68] LI W W, ZHAO R, WANG L, et al. Oxygen-vacancy-induced antiferromagnetism to ferromagnetism transformation in $Eu_{0.5}Ba_{0.5}TiO_{3-\delta}$ multiferroic thin films[J]. Scientific reports, 2013, 3: 2618.

[69] YAMAMOTO T, YOSHII R, BOUILLY G, et al. An antiferro-to-ferromagnetic transition in $EuTiO_{3-x}H_x$ induced by hydride substitution[J]. Inorganic chemistry, 2015, 54(4):1501-1507.

[70] LIN Y S, CHOI E M, LU P, et al. Vertical strain-driven antiferromagnetic to ferromagnetic phase transition in $EuTiO_3$ nanocomposite thin films[J]. ACS applied materials & interfaces, 2020, 12(7):8513-8521.

[71] ROY S, KHAN N, MANDAL P. Unconventional transport properties of the itinerant ferromagnet $EuTi_{1-x}Nb_xO_3$ ($x=0.10\sim0.20$)[J]. Physical review B, 2018, 98(13):134428.

[72] GUI Z G, JANOTTI A. Carrier-density-induced ferromagnetism in $EuTiO_3$ bulk and heterostructures[J]. Physical review letters, 2019, 123(12):127201.

[73] TAKAHASHI K S, ISHIZUKA H, MURATA T, et al. Anomalous Hall effect derived from multiple Weyl nodes in high-mobility $EuTiO_3$ films[J]. Science advances, 2018, 4(7):eaar7880.

[74] MO Z J, SUN Q L, SHEN J, et al. A giant magnetocaloric effect in $EuTi_{0.875}Mn_{0.125}O_3$ compound[J]. Journal of alloys and compounds, 2018, 753:1-5.

[75] STORNAIUOLO D, CANTONI C, DE LUCA G M, et al. Tunable spin polarization and superconductivity in engineered oxide interfaces[J]. Nature materials, 2016, 15(3):278-283.

[76] KATSUFUJI T, TAKAGI H. Coupling between magnetism and dielectric properties in quantum paraelectric $EuTiO_3$[J]. Physical review B, 2001, 64(5):054415.

[77] AKAMATSU H, KUMAGAI Y, OBA F, et al. Antiferromagnetic superexchange via 3d states of titanium in $EuTiO_3$ as seen from hybrid Hartree-Fock density functional calculations[J]. Physical review B, 2011, 83(21):214421.

[78] FENNIE C J, RABE K M. Magnetic and electric phase control in epitaxial $EuTiO_3$ from first principles[J]. Physical review letters, 2006, 97(26):267602.

[79] LEE J H, FANG L, VLAHOS E, et al. A strong ferroelectric ferromagnet created by means of spin-lattice coupling[J]. Nature, 2010, 466(7309):954-958.

[80] XU S, SHEN X, HALLMAN K A, et al. Unified band-theoretic description of structural, electronic, and magnetic properties of vanadium dioxide phases[J]. Physical review B, 2017, 95(12):125105.

[81] ÉMOND N, HENDAOUI A, CHAKER M. Low resistivity $W_xV_{1-x}O_2$-based multilayer structure with high temperature coefficient of resistance for microbolometer applications[J]. Applied physics letters, 2015, 107(14):143507.

[82] RAJESWARAN B, UMARJI A M. Effect of W addition on the electrical switching of VO_2 thin films[J]. AIP advances, 2016, 6(3):035215.

[83] KHAN G R, ASOKAN K, AHMAD B. Room temperature tunability of Mo-doped VO_2 nanofilms across semiconductor to metal phase transition[J]. Thin

solid films,2017,625:155-162.

[84] LU W W,ZHAO G L,SONG B,et al. Preparation and thermochromic properties of Sol-Gel-derived Zr-doped VO_2 films[J]. Surface and coatings technology, 2017,320:311-314.

[85] GU D E, ZHOU X, SUN Z H, et al. Influence of Gadolinium-doping on the microstructures and phase transition characteristics of VO_2 thin films[J]. Journal of alloys and compounds,2017,705:64-69.

[86] LI Y B,LIU Y Y,LIU J C,et al. The effects of niobium on the structure and properties of VO_2 films[J]. Journal of materials science:materials in electronics, 2016,27(5):4981-4987.

[87] KRAMMER A, MAGREZ A, VITALE W A, et al. Elevated transition temperature in Ge doped VO_2 thin films[J]. Journal of applied physics,2017,122(4):045304.

[88] HU Y Y, SHI Q W, HUANG W X, et al. Preparation and phase transition properties of Ti-doped VO_2 films by Sol-Gel process[J]. Journal of Sol-Gel science and technology,2016,78(1):19-25.

[89] ANDERSON P W, BLOUNT E I. Symmetry considerations on martensitic transformations:"ferroelectric" metals?[J]. Physical review letters,1965,14(7):217-219.

[90] SHI Y G,GUO Y F,WANG X,et al. A ferroelectric-like structural transition in a metal[J]. Nature materials,2013,12(11):1024-1027.

[91] MA C, JIN K J, GE C, et al. Strain-engineering stabilization of $BaTiO_3$-based polar metals[J]. Physical review B,2018,97(11):115103.

[92] YAO H B, WANG J S, JIN K J, et al. Multiferroic metal-$PbNb_{0.12}Ti_{0.88}O_{3-\delta}$ films on Nb-doped STO[J]. ACS applied electronic materials,2019,1(10):2109-2115.

[93] PADMANABHAN H, PARK Y, PUGGIONI D, et al. Linear and nonlinear optical probe of the ferroelectric-like phase transition in a polar metal, $LiOsO_3$ [J]. Applied physics letters,2018,113(12):122906.

[94] PUGGIONI D, GIOVANNETTI G, RONDINELLI J M. Polar metals as electrodes to suppress the critical-thickness limit in ferroelectric nanocapacitors [J]. Journal of applied physics,2018,124(17):174102.

[95] TOKURA Y,NAGAOSA N. Nonreciprocal responses from non-centrosymmetric quantum materials[J]. Nature communications,2018,9:3740.

[96] KIM T H,PUGGIONI D,YUAN Y,et al. Polar metals by geometric design[J]. Nature,2016,533(7601):68-72.

[97] RISCHAU C W, LIN X, GRAMS C P, et al. A ferroelectric quantum phase transition inside the superconducting dome of $Sr_{1-x}Ca_xTiO_{3-\delta}$[J]. Nature physics,2017,13(7):643-648.

[98] MENG M, WANG Z, FATHIMA A, et al. Interface-induced magnetic polar

metal phase in complex oxides[J]. Nature communications,2019,10:5248.

[99] FILIPPETTI A, FIORENTINI V, RICCI F, et al. Prediction of a native ferroelectric metal[J]. Nature communications,2016,7:11211.

[100] CAO Y W, WANG Z, PARK S Y, et al. Artificial two-dimensional polar metal at room temperature[J]. Nature communications,2018,9:1547.

[101] SHARMA P, XIANG F X, SHAO D F, et al. A room-temperature ferroelectric semimetal[J]. Science advances,2019,5(7):eaax5080.

[102] ROUT P C, SRINIVASAN V. Emergence of a multiferroic half-metallic phase in Bi_2FeCrO_6 through interplay of hole doping and epitaxial strain[J]. Physical review letters,2019,123(10):107201.

第 2 章 计算理论与方法

本章首先介绍绝热近似和 Hartree-Fock(哈特里-福克)近似,接着介绍密度泛函理论和一些基本计算方法,包括 LDA、GGA、LSDA+U 和杂化密度泛函等,最后简单介绍一下赝势和计算用的软件包。

2.1 绝热近似和 Hartree-Fock 近似

2.1.1 绝热近似

固体材料是由大量的分子或原子组成的,也是由大量的原子核和电子组成的。描述这样一个多粒子体系的薛定谔方程[1]是:

$$\hat{H}\Psi(r,R) = \varepsilon\Psi(r,R) \tag{2.1}$$

式中,R 表示所有原子核的坐标,r 表示所有电子的坐标。体系的哈密顿量为[2]:

$$\hat{H} = \hat{T}_e + V_{ee}(r_i,r_j) + \hat{T}_n + V_{nn}(R_n,R_m) + V_{en}(r_i,R_n) \tag{2.2}$$

式中,等号右边第 1,2 项为所有电子的动能和库仑相互作用能。第 3,4 项为所有离子实的动能和库仑相互作用能。最后一项为电子和离子实之间的库仑相互作用能。

假定体系中有 N 个带正电荷 Ze 的离子实,有 NZ 个价电子,则哈密顿量为:

$$\begin{aligned}\hat{H} &= \hat{T}_e + V_{ee}(r_i,r_j) + \hat{T}_n + V_{nn}(R_n,R_m) + V_{en}(r_i,R_n) \\ &= -\sum_{i=1}^{NZ}\frac{\hbar^2}{2m}\nabla_i^2 + {\sum_{i,j}}'\frac{1}{8\pi\varepsilon_0}\frac{e^2}{|r_i-r_j|} - \sum_{n=1}^{N}\frac{\hbar^2}{2M}\nabla_n^2 + {\sum_{n,m}}'\frac{1}{8\pi\varepsilon_0}\frac{(Ze)^2}{|R_n-R_m|} - \\ &\quad \sum_{i=1}^{NZ}\sum_{n=1}^{N}\frac{1}{4\pi\varepsilon_0}\frac{Ze^2}{|r_i-R_n|}\end{aligned} \tag{2.3}$$

式中,ε_0 为介电常数,m 为电子质量,M 为离子实质量。

电子的质量是原子核质量的千分之一。就运动速度而言电子要比原子核大得多。假定离子实运动的每一瞬间,电子快速运动到足以调整到离子实瞬时分布情况下的本征态。此时,当我们关注电子运动时,可以认为离子实固定在其瞬时位置上。即考虑电子运动时,不必考虑离子实的位置变化;考虑离子实运动时,不必关注电子体系的空间分布。这称为 Born-Oppenheimer(玻恩-奥本海默)绝热近似[2]。

这时,电子体系的哈密顿量为

$$\hat{H} = \hat{T}_e + V_{ee}(r_i,r_j) + V_{en}(r_i,R_n) \tag{2.4}$$

式中,第 n 个离子实位置 R_n 是其中的一个参量。

2.1.2 Hartree-Fock 近似

利用 Born-Oppenheimer 绝热近似,我们可以把离子实和电子的贡献分离开来,简化了体系的哈密顿量。但求解多电子体系的哈密顿量依旧存在困难,困难来自电子-电子之间的相互作用,还必须做一定简化,然后才能求解。一般采用 Hartree 平均场近似方法用平均场代替式(2.4)的电子之间彼此关联的$V_{ee}(r_i,r_j)$项。这时有:

$$V_{ee}(r_i,r_j)=\sum_{i=1}^{N}\sum_{j\neq i}^{N}\frac{1}{8\pi\varepsilon_0}\frac{e^2}{|r_i-r_j|}=\sum_{i=1}^{NZ}v_e(r_i) \tag{2.5}$$

Hartree 近似后体系的哈密顿量写为[2]:

$$\hat{H}_e=\sum_{i=1}^{N}\left[-\frac{\hbar^2}{2m}\nabla_i^2+v_e(r_i)-\sum_{i,j}\frac{1}{4\pi\varepsilon_0}\frac{e^2}{|r_i-R_n|}\right] \tag{2.6}$$

Hartree 近似中,体系 N 个电子的波函数为:

$$\Psi(q_1,q_2,\cdots,q_i,\cdots,q_N)=\psi_1(q_1)\psi_2(q_2)\cdots\psi_i(q_i)\cdots\psi_N(q_N) \tag{2.7}$$

其中,$q_i=r_i\sigma_i$,包含第 i 个电子坐标变量 r_i 和自旋变量 σ_i,单电子波函数满足正交归一化条件。但 Hartree 近似没有考虑电子作为费米子遵从费米统计所要求的交换反对称性。考虑电子的交换反对称性,体系的波函数写成 Slater(斯莱特)行列数形式:

$$\Psi(q_1,q_2,\cdots,q_i,\cdots,q_N)=\frac{1}{\sqrt{N!}}\begin{vmatrix}\psi_1(q_1) & \psi_2(q_1) & \cdots & \psi_N(q_1)\\ \psi_1(q_2) & \psi_2(q_2) & \cdots & \psi_N(q_2)\\ \vdots & \vdots & & \vdots \\ \psi_1(q_i) & \psi_2(q_i) & & \psi_N(q_i)\\ \vdots & \vdots & & \vdots \\ \psi_1(q_N) & \psi_2(q_N) & \cdots & \psi_N(q_N)\end{vmatrix} \tag{2.8}$$

利用变分原理,得到:

$$\left[-\frac{\hbar^2}{2m}\nabla_i^2+v_{en}(r)+\frac{1}{4\pi\varepsilon_0}\sum_{j(\neq i)}\int\frac{e^2[\psi_j(r)]^2}{|r-r'|}dr'\right]\psi_i(r)-$$
$$\frac{1}{4\pi\varepsilon_0}\sum_{j(\neq i)}\int\frac{e^2[\psi_j(r)]^2}{|r-r'|}dr'\psi_j(r)=\varepsilon_i\psi_i(r) \tag{2.9}$$

这就是 Hartree-Fock 方程[2],哈密顿量比式(2.6)多了一项交换关联项。

2.2 密度泛函理论

Hartree-Fock 近似是一种单电子近似,当体系过大、粒子较多时其面临计算量过大和无法在实际中应用的问题。密度泛函理论(density functional theory,DFT)兴起于 20 世纪 60 年代,已经成为物理、化学、材料和生物领域的一个强有力的工具。密度泛函理论的基本思想是电子系统的性质由电子密度 ρ 来决定。由于电子密度是空间的三维函数,密度泛函理论大大降低了计算的复杂性。对于一个有 n 个电子的系统,考虑自旋,每个电子的波函数包含 4 个坐标,则系统的总坐标数为 $4n$。在密度泛函理论中,系统的电子密度依赖于它的 3 个位置坐标,和系统总电子数无关。随着电子数的增加波函数的复杂程度逐渐增加,但电子密度始终具有相同的 3 个变量,和系统的电子数无关。

2.2.1 Hohenberg-Kohn 定理

密度泛函理论由 Hohenberg 和 Kohn 创建于 20 世纪 60 年代,可归纳为两个基本定理,也就是 Hohenberg-Kohn 定理[3]:

定理一：多电子系统的基态能量 E 是电子密度 $\rho(r)$ 的唯一泛函。任何可观测量的期望值也都是基态电子密度的唯一泛函。

定理二：基态能量泛函 $E[\rho(r)]$ 对系统电荷密度取极小值，该泛函极小值即为系统的基态能量，相应的电荷密度为系统基态的电荷密度。

Hohenberg-Kohn 定理奠定了密度泛函的理论基础，告诉我们系统的性质由电子密度能唯一决定，可是基态能量泛函到底是什么样的形式还是未知。后来 Kohn 和沈吕九提出的 Kohn-Sham 方程涉及了能量泛函的具体形式[4]，这时密度泛函理论便变得实际可用了。

2.2.2 Kohn-Sham 方程

Kohn-Sham(KS)方程[4]是目前密度泛函理论中最流行的一种应用方法。假定一个由 N 个电子构成的无相互作用的体系，在 Kohn-Sham 框架下，该体系的基态波函数是由 KS 电子轨道遵循反对称性而构成的简单 Slater 行列式。Kohn-Sham 假设的无相互作用系统的基态粒子密度与真实有相互作用的实际体系相同。在 Kohn-Sham 框架下，一个 N 粒子系统的粒子密度 ρ 为：

$$\rho(r) = \sum_{i=1}^{N} \psi_i(r)^* \psi_i(r) \tag{2.10}$$

体系的基态能量密度泛函表示为：

$$E[\rho] = T^s[\rho] + J[\rho] + E^{xc}[\rho] \tag{2.11}$$

其中，交换关联能 $E^{xc}[\rho] = E^x[\rho] + E^c[\rho]$，等号右边第一项 $E^x[\rho]$ 交换能，与相同自旋的电子作用相对应；第二项 $E^c[\rho]$ 是关联能，和相反自旋的电子相对应。

根据 Hohenberg-Kohn 定理，对能量泛函变分求极小值可得 KS 方程：

$$\left[-\frac{\hbar^2}{2m}\nabla_i^2 + V[\rho(r)] + V^c[\rho(r)] + V^{xc}[\rho(r)]\right]\psi_i(r) = \varepsilon_i \psi_i(r) \tag{2.12}$$

通常把 $V_{eff} = V[\rho(r)] + V^c[\rho(r)] + V^{xc}[\rho(r)]$ 称为单粒子的有效势。在式(2.12)中，$\Psi_i(i=1,2,\cdots,n)$ 是 Kohn-Sham 单粒子波函数，不是真正意义上的波函数，从数学意义上来说是一个准粒子波函数，只是真实电子密度和准粒子密度相等。式(2.12)等号左边中括号内第一项表示无相互作用电子的动能，第二项 $V[\rho(r)]$ 是外部势场，第三项 $V^c[\rho(r)]$ 是电子之间库仑排斥能，第四项 $V^{xc}[\rho(r)]$ 是交换关联能的导数，由 $V^{xc}[\rho(r)] = \frac{\delta E^{xc}[\rho]}{\delta \rho}$ 获得。KS 方程的真正意义在于将未知的多体问题转化成无相互作用的单体问题，把未知部分并入交换关联势。密度泛函理论主要是对交换关联能进行描述。

Kohn-Sham 粒子波函数的重要性在于粒子的密度可以由公式(2.10)求得。一般可以通过自洽法来求解 Kohn-Sham 方程，先从一个试探电荷密度 ρ 开始，对于一个分子系统，试探电荷密度 ρ 就是系统所有原子轨道电荷密度的叠加。描述交换关联能 $E^{xc}[\rho]$ 的方程用近似方法获得，整个迭代的过程中 $E^{xc}[\rho]$ 都是固定不变的，由 $V^{xc}[\rho(r)] = \frac{\delta E^{xc}[\rho]}{\delta \rho}$ 可算出 $V^{xc}[\rho(r)]$。根据这个步骤解出 KS 方程，获得初始的一组 Kohn-Sham 波函数。按照公式(2.10)利用已有波函数算出一个改进的密度。整个过程周而复始不断重复，直到粒子数密度和交换关联能达到了已经设定的收敛标准，此时获得电子的能量可以通过方程式(2.11)获得。

2.2.3 局域密度近似

由于所有多体未知的多体效应都包含在交换关联能项中,在实际应用密度泛函理论过程中,重点在于如何获得精确的交换关联泛函。实际应用过程中,要精确求解交换关联能是不现实的,所以经常应用各种近似形式。目前,有很多实用的近似泛函形式,比如局域密度近似(local density approximation,简称 LDA)、广义梯度近似(generalized gradient approximation,简称 GGA)和杂化密度泛函(hybrid density functional,简称 H-GGA)等。

局域密度近似(LDA)[5]是寻找密度泛函理论中交换关联函数的第一台阶。LDA 认为空间某一点的关联能只与该点附近电荷密度有关,也就是交换关联能是完全局域性的。此外,具有相同密度的均匀电子的交换相关作用泛函又近似地作为非均匀体系的交换相关泛函。通过空间各点的简单积分可以得到总的关联能:

$$E_{\text{LDA}}^{\text{xc}}[\rho(r)] = \int \varepsilon_{\text{LDA}}^{\text{xc}}[\rho(r)]\rho(r)\mathrm{d}r \tag{2.13}$$

相应的关联势为:

$$V_{\text{LDA}}^{\text{xc}}[\rho(r)] = \frac{\delta E_{\text{LDA}}^{\text{xc}}[\rho]}{\delta \rho} = \varepsilon_{\text{LDA}}^{\text{xc}}[\rho(r)] + \rho(r)\frac{\mathrm{d}E_{\text{LDA}}^{\text{xc}}[\rho]}{\mathrm{d}\rho} \tag{2.14}$$

考虑自旋极化,则交换关联泛函依赖于电子的自旋密度:

$$E_{\text{LDA}}^{\text{xc}}[\rho(r)^{\uparrow}, \rho(r)^{\uparrow}] = \int \varepsilon_{\text{LDA}}^{\text{xc}}[\rho(r)^{\uparrow}, \rho(r)^{\uparrow}][\rho(r)^{\uparrow} + \rho(r)^{\uparrow}]\mathrm{d}r \tag{2.15}$$

这就是局域密度自旋近似(LSDA)。式中箭头表示包含自旋。

将 Kohn-Sham 方程做 L(S)DA 近似后,使得密度泛函理论应用于计算大部分的半导体、金属体系的基态性质,例如晶格常数、键长、键角、声子的振动频率、晶体力学性质等都可以得到较准确的计算。由于 L(S)DA 对多电子体系做了均匀电子气的近似处理,因此 L(S)DA 对于自旋非极化的系统给出能量的全局最小值,L(S)DA 能够较准确处理;对于磁性材料,电子能量会有多个局部最小值,L(S)DA 精度不够理想。由局域密度近似计算得到的分子和固体的结合能偏高,金属 d 带宽度及半导体的禁带宽度的计算结果与实验相比总是偏小。在密度泛函理论的发展过程中,对 LDA 做了一定的修正,才有了后来的广义梯度近似、杂化泛函等方法。

2.2.4 广义梯度近似(GGA)

LDA 是基于均匀电子气的一种理论,但通常实际分子系统与均匀电子气有较大差别。绝大部分真实的系统空间分布是不均匀的,电荷密度会随着空间分布不同而变化。广义梯度近似[6]是密度泛函理论发展的第二个阶段,在 LDA 基础上引入一个新的变量:密度的梯度 $\Delta \rho(r)$。在交换相关能泛函中引入电子密度的梯度更加接近实际原子和分子体系密度,能较好地描述实际电子体系中密度的非均匀性。

通常情况下,相对于局域的方法来说 GGA 方法有一个很大的提高,对于非均匀体系 GGA 比 LDA 有更准确的结果。事实上,GGA 方法更有益于给出更好的总能量[7]、不同结构之间的能量差、原子化能量(atomization energies)[7]以及能量势垒[8]。但 GGA 方法计算的结果,晶胞的体积通常会更大,键能被低估[9],当然 LDA 会高估键能[6]。对于固体计算而言,GGA 未必比 LDA 有明显的提高[10-11],在计算电离能和亲和能时根本没有优势[9]。

在 GGA 泛函中引用了包括幂函数和有理分式的泛函的有理函数,属于该类的交换能泛函有 Becke88[12] 和 Perdew-Burke-Ernzerhof(PBE)[6] 等。其中,PBE 是目前计算中应用最广泛的交换关联泛函之一,这主要是由于它能非常好地描述固体的性质[13-14]。

2.2.5　LSDA+U 和 DFT+U

尽管 GGA 和 LDA 在描述许多材料基态的物理性质方面取得了很大的成功,但在计算过渡金属氧化物时,GGA 和 LDA 会出现错误,这些错误来自 GGA 和 LDA 的自相互作用错误。比如,总是低估过渡金属氧化物的带宽,甚至把绝缘体算成金属,把高自旋态结构的磁性金属算成低自旋结构。这时候,在计算强关联体系时,有必要把强关联体系中局域电子的强关联效应考虑进来。第一次提出 LSDA+U 方法的是 Anisimov 等[15],他们提出在 LSDA 的基础上添加了一个 Hubbard(哈伯德)模型的库仑斥势 U。Hubbard U 就是将两个电子放在同一个电子位置所需的库仑相互作用能。这种方法非常成功地描述了 Mott 绝缘体的性质。1995 年,Liechtenstein[16] 等进一步提出了基组旋转不变的 DFT+U 泛函的性质。

2.2.6　杂化密度泛函

密度泛函理论采用 LDA 和 GGA 方法取得了很大的成功,在计算很多材料时都获得了较满意的结果。但密度泛函理论采用局域和半局域的方法有其明显的不足之处,比如 LDA 假设体系是均匀的电子气,而 GGA 则明显低估半导体带隙。为了获得更准确的带隙,科研工作者寻求对广义梯度近似进行改进,于是杂化密度泛函方法出现了。杂化密度泛函方法的基本思想是把半局域的广义梯度近似以非局域的方式拓展,把 Hartree-Fock 交换能与广义梯度交换能相关能密度按一定比例混合。比如 Becke[17] 早期建议的"半对半"泛函:

$$E_{hyb}^{xc} = \frac{1}{2}(E^{x} + E_{DFA}^{xc,\lambda=1}) \quad (2.16)$$

其中,E^{x} 为 Hartree-Fock 交换能,$E_{DFA}^{xc,\lambda=1}$ 为密度泛函近似,比如局域自旋密度近似(LSDA)。后来,Becke[18] 进一步提出三个参数的泛函:

$$E_{hyb}^{xc} = E_{LSD}^{xc} + a^{0}(E^{x} - E_{LSD}^{x}) + a^{x}(E_{GGA}^{x} - E_{LSD}^{x}) + a^{c}(E_{GGA}^{c} - E_{LSD}^{c}) \quad (2.17)$$

一个更简单的形式[19] 是假定 $a^{x} = 1 - a^{0}$ 和 $a^{x} = 1$。这时有:

$$E_{hyb}^{xc} = E_{DFA}^{xc} + a^{0}(E^{x} - E_{DFA}^{x}) \quad (2.18)$$

其中,$a^{0} = 0.16$ 或 0.28。Perdew 等[20] 提出一个依赖杂化耦合常数的方程:

$$E_{hyb}^{xc,\lambda}(n) = E_{DFA}^{xc,\lambda} + (E^{x} - E_{DFA}^{x})(1-\lambda)^{n-1} \quad (2.19)$$

这里,n 大于或等于 1。$\lambda = 0$ 时,$E_{hyb}^{xc,\lambda}(n) = E^{x}$;$\lambda = 1$ 时,$E_{hyb}^{xc}(n) = E_{DFA}^{xc,\lambda}$;$n$ 控制着当 $\lambda \to 1$ 时密度近似消失的速度。

2.3　赝势

DFT 数值计算中,需要将波函数在选定的基组进行展开,即采用目前常用的基组方法。常见的有原子轨道线性组合(linear combination of atomic orbitals,简称 LCAO)和平面波基组,前者在计算分子体系的时候得比较多,常用的软件有 Gaussian03、Turbomole 等;

后者比较适合周期性计算,常用的软件有 VASP、CASTEP 等。平面波基组是一组简单、正交、完备的函数集。它的一个优点是可以通过增加截断能来系统改善基函数的性质。但是在原子核附近,波函数有很强的定域性,平面波收敛很慢甚至无法收敛,所以一般情况下平面波基组常常和赝势方法联系在一起。

原子中的内层电子离原子核较近,局域性非常强,在原子结合成固体或者分子时,这部分电子的状态基本不发生改变,而外层电子的离域性强,运动状态会发生很大的变化,在很大程度上决定着系统的性质。因此可以用截断半径 r_c 将原子周围的空间分成芯区和价电子区两个部分。r_c 以内的是核芯区域,波函数是由紧束缚的芯电子波函数组成的,与近邻原子的波函数作用很小,这个区域的电子是芯电子。r_c 以外的区域是价电子区域,价电子波函数行为趋向于平面波,会发生交叠、相互作用,这个区域的电子是价电子。

在使用平面波基组对电子波函数进行展开时,由于芯电子的波函数振荡比较剧烈,需要很大的平面波基组来进行展开,平面波截断能量很高,因而使得计算非常耗时、麻烦。赝势是在芯电子区域用假想的势能取代真实的势能,求解波动方程时,若不改变其能量本征值以及离子实之间区域的波函数,则这个假想的势就叫作赝势。实际所选用的赝势总是使芯电子区域的波函数非常平坦。与赝势对应的波函数叫作赝波函数。由于赝波函数比真实的全电子波函数平坦且简单,只需要少量的平面波就可以在保证精度的条件下进行展开,计算量因此而大大降低。赝势在截断半径 r_c 以内与真实的势不同,但是电荷密度的积分相同,赝波函数在截断半径以外与真实的波函数是一致的。由此可见所选择的截断半径越小,则精度越高,相应的计算量也越大。由于赝势对原子核附近区域的电子势场做了很大的近似,故不能处理原子本身的性质。赝势一般分为模守恒赝势(norm-conserving pseudopentential,简称 NCPP)、超软赝势(ultrasoft pseudopotential,简称 USPP)和投影缀加平面波势(project augmented wave,简称 PAW)。模守恒赝势和超软赝势方法计算速度快,但是不够精确;不采用赝势的全电子方法精确度高,但是计算量大;投影缀加平面波方法结合了两者的优点,是一个更为普适的方法。

2.4 计算软件包介绍

目前,基于密度泛函理论的软件包中被科技工作者广泛使用的主要包括 CASTEP、WIEN2K、GAUSSIAN、PWSCF、ABINIT、VASP 等。科技工作者利用这些软件从微观的角度去计算材料的物理和化学等性质,这些软件对理论化学、凝聚态物理、材料科学以及生命科学等的发展都起着重要的作用。本书的研究成果的计算都是通过 VASP 软件包来实现的。

VASP 是一个使用赝势或平面波基矢投影增强波法执行从头模拟的复杂的软件包 VASP 和 CASTEP 包有相同的根。VASP 软件计算中,离子和电子之间的相互作用通过 Vanderbilt 超软赝势(USPP)或投影缀加平面波势(PAW)方法来描述。VASP 软件提供杂化密度泛函、局域密度近似和广义梯度近似等交换关联函数。INCAR、POSCAR、POTCAR、KPOINTS 是 VASP 软件计算的四个输入文件,其输出文件主要包括 CONTCAR、DOSCAR、OUTCAR、EIGENVAL、OSZICAR 等。VASP 软件可以用来计算体材料的晶格参数、原子位置、电荷密度分布、能带、电子态密度、弹性模量、声子谱以及表面和界面的物理性质、从头分子动力学模拟等。

参考文献

[1] 周世勋.量子力学教程[M].2版.北京:高等教育出版社,2009.

[2] 阎守胜.固体物理基础[M].3版.北京:北京大学出版社,2011.

[3] HOHENBERG P,KOHN W. Inhomogeneous electron gas[J]. Physical review,1964,136(3B),B864-B871.

[4] KOHN W, SHAM L J. Self-consistent equations including exchange and correlation effects[J]. Physical review,1965,140(4A):A1133-A1138.

[5] PARR R G,GADRE S R,BARTOLOTTI L J. Local density functional theory of atoms and molecules[J]. Proceedings of the national academy of sciences of the United States of America,1979,76(6):2522-2526.

[6] PERDEW J P,BURKE K,ERNZERHOF M. Generalized gradient approximation made simple[J]. Physical review letters,1996,77(18):3865-3868.

[7] LANGRETH D C, MEHL M J. Beyond the local-density approximation in calculations of ground-state electronic properties[J]. Physical review B,1983,28(4):1809-1834.

[8] BECKE A D. Density-functional thermochemistry. I. The effect of the exchange-only gradient correction[J]. The journal of chemical physics,1992,96(3):2155-2160.

[9] PERDEW J P,CHEVARY J A,VOSKO S H,et al. Erratum:atoms,molecules,solids,and surfaces:applications of the generalized gradient approximation for exchange and correlation[J]. Physical review B, condensed matter,1993,48(7):4978.

[10] BARBIELLINI B,MORONI E G,JARLBORG T. Effects of gradient corrections on electronic structure in metals[J]. Journal of physics:condensed Matter,1990,2(37):7597-7611.

[11] LEUNG T C,CHAN C T,HARMON B N. Ground-state properties of Fe,Co,Ni,and their monoxides:results of the generalized gradient approximation[J]. Physical review B,1991,44(7):2923-2927

[12] BECKE A D. Density-functional exchange-energy approximation with correct asymptotic behavior[J]. Physical review A,1988,38(6):3098-3100.

[13] BECKE A D. Density-functional thermochemistry. II. The effect of the Perdew-Wang generalized-gradient correlation correction[J]. The journal of chemical physics,1992,97(12):9173-9177.

[14] SOUSA S F,ALEXANDRINO F P,RAMOS M J. General performance of density functionals[J]. The journal of physical chemistry A,2007,111(42):10439-10452.

[15] ANISIMOV V I, ZAANEN J, ANDERSEN O K. Band theory and Mott insulators:HubbardUinstead of Stoner I [J]. Physical review B,1991,44(3):943-954.

[16] LIECHTENSTEIN A I,ANISIMOV V I,ZAANEN J. Density-functional theory and strong interactions:orbital ordering in Mott-Hubbard insulators[J]. Physical review B,1995,52(8):R5467-R5470.

[17] BECKE A D. A new mixing of Hartree-Fock and local density-functional theories [J]. The journal of chemical physics,1993,98(2):1372-1377.

[18] BECKE A D. Density-functional thermochemistry. III. The role of exact exchange [J]. The journal of chemical physics,1993,98(7):5648-5652.

[19] BECKE A D. Density-functional thermochemistry. IV. A new dynamical correlation functional and implications for exact-exchange mixing [J]. The journal of chemical physics,1996,104(3):1040-1046.

[20] PERDEW J P, ERNZERHOF M, BURKE K. Rationale for mixing exact exchange with density functional approximations[J]. The journal of chemical physics,1996,105(22):9982-9985.

第 3 章 Nb 掺杂 $EuTiO_3$ 的结构和电磁性质

本章用杂化密度泛函理论方法研究了 Nb 掺杂 $EuTiO_3$ 的结构和电磁性质。计算结果表明,整个系列的 $EuTi_{1-x}Nb_xO_3$ 稳定在立方钙钛矿结构中。$EuTi_{1-x}Nb_xO_3$ 在 $x=0$ 时为反铁磁绝缘体,在 $0.125 \leqslant x \leqslant 1$ 时为铁磁金属,这与实验一致。Nb 掺杂在 $0.125 \leqslant x$ 时诱导巡游电子进入导带底部,费米能级向上移动。由巡游的 Ti 3d 和 Nb 4d 电子产生的 Eu^{2+} 自旋之间的 RKKY 型相互作用可以解释 $EuTi_{1-x}Nb_xO_3$ 中的铁磁性。本研究从理论上理解了 $EuTi_{1-x}Nb_xO_3$ 中铁磁性的来源。

3.1 引言

磁电耦合材料具有的基本物理性质和在自旋电子学器件上的潜在应用吸引了人们广泛的研究兴趣,$EuTiO_3$ 便是这类材料之一。室温下 $EuTiO_3$ 拥有空间群为 Pm-3m 的立方结构,是奈尔温度为 5.3 K 的 G 型反铁磁结构[1],低温时是绝缘体,表现为量子顺电行为[2]。Fennie 等[3]通过理论计算预言了外加应变可以实现 $EuTiO_3$ 由反铁磁顺电绝缘相向铁磁铁电相转变,实验上也证实了 $DyScO_3$ 衬底上生长的 $EuTiO_3$ 薄膜是拥有铁磁和铁电性的多铁材料[4]。功能类似于应变,掺杂也可以调控 $EuTiO_3$ 的电磁性质[5-14]。Yamamoto 等[10]研究了 $EuTiO_{1-x}H_x(0 \leqslant x \leqslant 0.1)$ 的结构和电磁性质,研究发现所有样品都稳定在立方结构上,$x=0.07$ 时反铁磁-铁磁转变开始出现,$EuTiO_{0.79}H_{0.21}$ 表现出明显的金属性。Rubi 等[5]报道了多晶 $Eu_{1-x}La_xTiO_3(0.01 \leqslant x \leqslant 0.2)$ 的磁性,他们发现基态 $x=0.01$ 是反铁磁态而 $x \geqslant 0.03$ 时是铁磁态。Mo 等[15]研究了 Ba 掺杂的 $Eu_{1-x}Ba_xTiO_3$ 的磁性质,由于 Ba^{2+} 离子尺寸比 Eu^{2+} 离子的大,$Eu_{1-x}Ba_xTiO_3$ 晶胞体积发生变化,微量的 Ba 掺杂导致 $Eu_{1-x}Ba_xTiO_3$ 从反铁磁态转变成铁磁态。他们[16]还研究了 Sr 掺杂的 $Eu_{1-x}Sr_xTiO_3$ 的磁性质,微量的 Sr 掺杂导致 $Eu_{1-x}Sr_xTiO_3$ 铁磁性出现。Wei 等[9]利用溶胶凝胶的方法合成了 $EuTi_{1-x}Cr_xO_3(0 \leqslant x \leqslant 0.04)$ 纳米颗粒,研究结果显示所有样品都稳定在立方结构中,Cr 掺杂导致 $EuTi_{1-x}Cr_xO_3$ 铁磁性出现。Mo 等[17]研究了 Mn 掺杂 $EuTi_{1-x}Mn_xO_3(0 \leqslant x \leqslant 0.1)$ 的磁性质,当 Ti^{4+} 离子被 Mn^{2+} 离子替代时,晶格常数发生改变,Eu^{3+} 离子和氧空位随之产生,Mn 替代 Ti 导致 $EuTi_{1-x}Mn_xO_3$ 由反铁磁向铁磁转变。Akahoshi 等[18]研究了 $EuTi_{1-x}Al_xO_3$ ($0 \leqslant x \leqslant 0.1$)的磁属性,$Al^{3+}$ 离子替代 Ti^{3+} 离子导致系统从 $x=0$ 时的反铁磁绝缘相转变为 $0.1 \leqslant x \leqslant 0.5$ 时的铁磁绝缘相。Kususe 等[13]研究了 Nb 掺杂的 $EuTi_{1-x}Nb_xO_3(0 \leqslant x \leqslant 0.1)$ 薄膜,在 $x=0$ 和 $x=0.01$ 时 $EuTi_{1-x}Nb_xO_3$ 表现为反铁磁绝缘性,在 $x=0.05$ 和 $x=0.1$ 时 $EuTi_{1-x}Nb_xO_3$ 表现为铁磁金属性。Li 等[12]进一步报道了 $EuTi_{1-x}Nb_xO_3$ 的磁相图,$EuTi_{1-x}Nb_xO_3(0 \leqslant x \leqslant 0.5)$ 稳定在立方结构中,$x < 0.05$ 时系统表现为反铁磁性,而 $x > 0.05$ 系统表现为铁磁性。在 $x \leqslant 0.015$ 时系统表现出绝缘性,而 $x=0.2$ 和 $x=0.4$ 时系统表现为金属性。

Kususe 等[13]通过实验合成了立方对称性的多晶 $EuTi_{1-x}Nb_xO_3(0 \leqslant x \leqslant 0.5)$,研究发

现 Nb 掺杂导致系统从反铁磁绝缘体相向铁磁金属相转变,具体转变的机制至今没有理论方面的研究。本章基于第一性原理的杂化泛函方法研究了 Nb 掺杂 $EuTi_{1-x}Nb_xO_3$ 的结构和电磁性质,并讨论反铁磁-铁磁转变和绝缘体-金属转变的机制,旨在更深入地理解这些转变,为将来的应用奠定坚实的理论基础。当前计算结果表明,当 $x=0$ 时,系统是 G 型反铁磁绝缘体,但当 $0.125 \leqslant x \leqslant 1$ 时,系统则是铁磁金属。Nb 掺杂导致 $EuTi_{1-x}Nb_xO_3$ 的 Ti—O 键长和晶胞体积增大,从而导致反铁磁-铁磁和绝缘体-金属转变发生。

3.2 计算方法

基于 Ab-initio 模拟软件包(VASP)计算 PAW[19] 电位,采用密度泛函理论的第一性原理本书研究计算了 $EuTi_{1-x}Nb_xO_3$($x=0$、0.125、0.25、0.5)[20] 的电磁性质。对于交换相关函数,使用 PBE 方案。在进行计算前,我们分别用 GGA 和 GGA+U 的方法测试计算 $EuTiO_3$ 的基态和带隙,都没有得到非常满意的结果,特别是对 $EuTiO_3$ 带隙的描述方面不理想。考虑到杂化泛函方法在描述过渡金属氧化物的电磁性质特别是带隙方面比较成功[21],本研究采用了杂化泛函的方法进行计算。选择合适的交换关联混合参数和屏蔽参数使得 $EuTiO_3$ 的 G 型反铁磁基态带隙为 0.85 eV(和实验带隙一致)。由于实验研究成功合成了立方对称的 $EuTi_{1-x}Nb_xO_3$($0 \leqslant x \leqslant 0.5$)[13] 多晶样品,本研究主要计算 Nb 掺杂立方相 $EuTiO_3$ 的结构和电磁性质。首先,完全弛豫尺寸为 $2 \times 2 \times 2$ 的 40 个原子的立方结构的 $EuTiO_3$ 超晶胞。在优化 $EuTiO_3$ 超胞基础上按比例掺杂,完全优化 $EuTi_{1-x}Nb_xO_3$($0 < x \leqslant 0.5$)超胞。所有优化结构都是经过原子和晶格参数充分优化弛豫得到的。本研究中平面波截止能采用 400 eV。用 M 为中心的 $2 \times 2 \times 2$ k 点进行 $EuTi_{1-x}Nb_xO_3$($0 \leqslant x \leqslant 0.5$)的优化计算,采用 $4 \times 4 \times 4$ k 点获得态密度结果。赝势中以 6 个电子($2s^2 2p^4$)、13 个电子($4s^2 4p^6 4d^4 5s^1$)、4 个电子($3d^3 4s^1$)和 17 个电子($4f^7 5s^2 5p^6 6s^2$)分别作为 O、Sr、Ti 和 Gd 原子价电子。在连续迭代之间,电子自洽计算收敛于两个连续的电子步为 10^{-4} eV,结构弛豫计算 Hellman-Feynman(海尔曼-费曼)力收敛到小于 10^{-2} eV/Å。

3.3 结果与讨论

3.3.1 $EuTiO_3$ 和 $EuNbO_3$

首先考虑未掺杂的 $EuTiO_3$ 和 $EuNbO_3$。与 $SrTiO_3$ 结构一样,$EuTiO_3$ 也拥有典型的立方结构,空间群为 Pm-3m,如图 3.1(a)所示,其原子位置坐标分别为 Eu(0,0,0)、Ti(0.5,5,0.5)、O(0,0.5,0.5),TiO_6 八面体内 Ti 在中心,O 在 6 个顶角上。$EuNbO_3$ 和 $EuTiO_3$ 室温下都有同样的立方结构。本研究在实验立方晶体结构[22-23]基础上优化 $2 \times 2 \times 2$ 的 40 个原子的 $EuTiO_3$ 和 $EuNbO_3$ 超胞。表 3.1 给出了 $EuTiO_3$ 和 $EuNbO_3$ 计算和实验的晶格参数、晶胞体积、带隙、磁基态。当前计算的 $EuTiO_3$ 和 $EuNbO_3$ 晶格参数、晶胞体积、磁基态、带隙都和实验符合得非常好,这进一步说明当前计算的可靠性,也说明杂化泛函在描述钙钛矿氧化物结构和电磁性质上非常成功。实验中[22] $EuTiO_3$ 的晶格参数 $a = 3.904$ Å,体积 $V = 59.502$ Å^3。根据当前计算结果,晶格参数 $a = 3.892$ Å,比实验值小 0.3%,体积 $V=$

58.955 Å³,比实验值小 0.9%。从表中可以看出,当前计算的 EuNbO₃ 立方结构的晶格参数(4.031 Å)、晶胞体积(65.499 Å³)和实验的晶格参数(4.028 Å)及体积(63.353 Å³)几乎是一致的。计算的 EuNbO₃ 晶格参数、晶胞体积和实验比较相差 0.1%~0.2%。

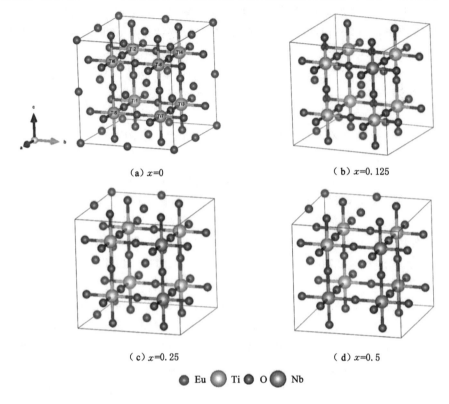

图 3.1 优化后 EuTi$_{1-x}$Nb$_x$O$_3$ 的晶体结构图

表 3.1 EuTiO₃ 和 EuNbO₃ 的计算和实验的晶格参数、晶胞体积、带隙、磁基态

	EuTiO₃		EuNbO₃	
	实验[22]	本工作	实验	本工作
a/Å	3.904	3.892	4.028[23]	4.031
V/Å³	59.502	58.955	65.353	65.499
带隙/eV	0.80	0.85	0[24]	0
磁基态	G 型反铁磁	G 型反铁磁	铁磁[24]	铁磁

图 3.2 给出了 EuTiO₃ 的总态密度(TDOS)、分波态密度(PDOS)、带结构图。实验中,EuTiO₃ 是反铁磁绝缘体[22],这和当前计算的态密度结果是一致的。根据当前的计算结果,EuTiO₃ 是 G 型反铁磁绝缘体,最小的带隙是在 Γ 点的直接带隙(0.85 eV),实验值和理论计算带隙值吻合得非常好[22,24]。价带主要由 Eu 4f 带 δ 键构成(图 3.3),导带主要由 Ti 3d 带 δ 键构成,0.85 eV 带隙在价带和导带之间打开。占据的 Eu 4f 带是窄的,意味着它们有局域特征。带的杂化出现在 O 2p 态和 Ti 3d 态之间。Akamatsu 等[25]提出 EuTiO₃ 的反铁磁耦合机制是间接通过 Ti 3d 态来实现 Eu 4f 反铁磁超交换机制。由图 3.2(a)可以看出,

Eu 4f 和 Ti 3d 带之间有杂化现象，Eu 4f 态对 Ti 3d 态来讲是非正交的。根据 Andson 的超交换理论[25]，反铁磁耦合的稳定是通过插入的轨道（比如阳离子 p 带）在磁性轨道之间非正交轨道重叠来实现的。所以，EuTiO$_3$ 的 Eu 4f 带间反铁磁耦合可能是通过 Ti 3d 来实现的超交换。

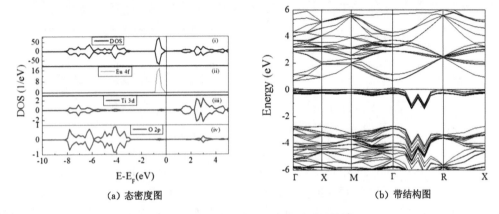

(a) 态密度图　　　　　　　　　　　(b) 带结构图

图 3.2　EuTiO$_3$ 的态密度图和带结构图

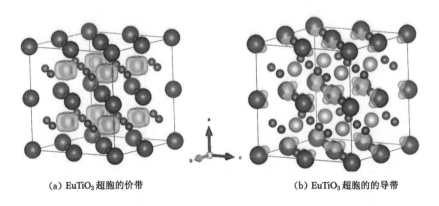

(a) EuTiO$_3$ 超胞的价带　　　　　　(b) EuTiO$_3$ 超胞的的导带

图 3.3　带分解电荷密度

图 3.4 给出了 EuNbO$_3$ 的总态密度、分波态密度、带结构图。实验中，立方的 EuNbO$_3$ 表现出金属性。根据当前的计算结果，由 3.4(a)态密度图和图 3.4(b)带结构图可以看出，Eu 4f 和 O 2p 在费米面附近都没有贡献，只有 Nb 4d 态跨越费米面导致出现了金属的 EuNbO$_3$ 立方相，这和实验是一致的[24]。

3.3.2　EuTi$_{1-x}$Nb$_x$O$_3$ 的晶体结构

图 3.1 给出了优化后 EuTi$_{1-x}$Nb$_x$O$_3$（$0 \leqslant x \leqslant 0.5$）的晶体结构图。表 3.2 列出了 EuTi$_{1-x}Nb_xO_3$ 的晶格参数、晶胞体积、Ti—O 键长和对称性。在优化后 EuTiO$_3$ 超胞的基础上，按 $x=0.125$、0.25、0.5 比例进行掺杂。根据对称性，$x=0.125$ 时，掺杂有一种情况，一个 Nb 原子替代（Ti8）位原子，如图 3.1(b)所示。$x=0.25$ 时，掺杂有三种情况，分别是（Ti7,Ti8）位、（Ti5,Ti8）位、（Ti1,Ti8）位，两个 Ti 原子被两个 Nb 原子替代。$x=0.5$ 时，有 5 种情况，分别是（Ti2,Ti4,Ti6,Ti8）位、（Ti2,Ti8,Ti1,Ti7）位、（Ti1,Ti5,Ti7,Ti8）位、

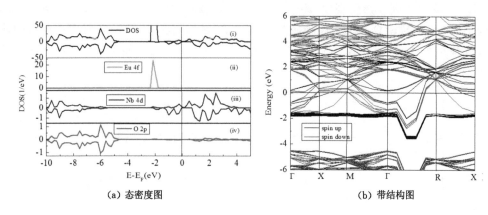

(a) 态密度图　　　　　　　　(b) 带结构图

图 3.4　EuNbO$_3$ 的态密度图和带结构图

(Ti3,Ti5,Ti7,Ti8)位和(Ti4,Ti5,Ti7,Ti8)位,4 个 Ti 原子被 4 个 Nb 原子替代。本研究计算了上述列出的各种情况,同一组分的各种掺杂得到的结构和电磁性质几乎一致,为了讨论方便,主要列举和分析同一种组分不同情况时能量最低的研究结果,图 3.1 列出了所有情况中优化后能量最低的晶体结构。

表 3.2　实验和当前理论的 EuTi$_{1-x}$Nb$_x$O$_3$（$0 \leqslant x \leqslant 0.5$）的晶格参数、晶胞体积、Ti—O 键长和对称性

x		a/Å	V/Å^3	Ti—O 键长/Å	对称性
0	本工作	3.891 72	58.942 0	3.945 80	立方
	实验[22]	3.904 37	59.518 6		立方
0.125	本工作	3.902 69	59.441 6	3.947 10	立方
	实验[12]				立方
0.25	本工作	3.923 78	60.410 6	3.952 57	立方
	实验[12]				立方
0.5	本工作	3.952 32	61.738 6	3.995 84	立方
	实验[12]	3.976 01	62.855 3		立方

图 3.5 给出了计算的 EuTi$_{1-x}$Nb$_x$O$_3$ 基态晶胞体积随掺杂量 x 变化的图形。由表 3.2 和图 3.1 可知,Nb 掺杂并没有改变对称性,所有组分的 EuTi$_{1-x}$Nb$_x$O$_3$ 都稳定在立方结构中,这和实验报道是一致的[12]。随着 Nb 掺杂量 x 增加,EuTi$_{1-x}$Nb$_x$O$_3$ 的晶胞体积、晶格常数和 Ti—O 键长单调增加,这是由于 Nb^{4+} 离子半径(约 0.74 pm)大于 Ti^{4+} 离子半径(约 0.68 pm)所导致的,这也是导致 EuTi$_{1-x}$Nb$_x$O$_3$ 在 Nb 掺杂后发生反铁磁绝缘体向铁磁金属转变的重要原因。实验上,微量的 Ba 掺杂 EuTiO$_3$ 系统晶体结构依然保持立方结构[15],但由于 Ba^{2+} 离子半径(约 1.35 pm)大于 Eu^{2+} 离子半径(约 0.94 pm)而导致 Eu$_{1-x}$Ba$_x$TiO$_3$ 晶胞体积随 x 增大而增大。同样的,Sr 掺杂 EuTiO$_3$ 晶体结构依然保持立方结构[16],但 Sr^{2+} 离子半径(约 1.12 pm)大于 Eu^{2+} 离子半径(约 0.94 pm)导致 Eu$_{1-x}$Sr$_x$TiO$_3$ 晶胞体积随 x 增加而增大,XRD 的衍射峰向右移动。H 掺杂的 EuTiO$_3$ 晶体结构保持立方结构[10],随着 H 掺杂量增加,EuTiO$_{3-x}$H$_x$ 晶胞体积也增大。这些体系随着掺杂量增加,系统都出现了铁

磁相,这和掺杂导致的晶格参数和体积增大有着密切的关系。

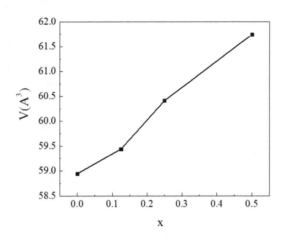

图 3.5 计算的 EuTi$_{1-x}$Nb$_x$O$_3$ 晶胞体积随掺杂量 x 变化的图形

3.3.3 EuTi$_{1-x}$Nb$_x$O$_3$ 的磁性质

表 3.3 给出了 EuTi$_{1-x}$Nb$_x$O$_3$（$0 \leqslant x \leqslant 0.5$）的 A 型反铁磁态（A-AFM）、G 型反铁磁态（G-AFM）和铁磁态（FM）[26]相对基态的分子式单元的能量值。在立方对称性结构中，A 型反铁磁态和 C 型反铁磁态是一致的[26]，所以表 3.3 中只列出了 A 型反铁磁结构。对于 EuTiO$_3$，A 型反铁磁态和铁磁态比 G 型反铁磁态分别高出 0.005 1 eV/f.u.（f.u. 为化学单元）和 0.002 1 eV/f.u.。也就是说,当前计算结果显示立方相 EuTiO$_3$ 的基态是 G 型反铁磁态,这和实验以及理论计算都是一致的[12,22,25]。实验中,EuTi$_{1-x}$Nb$_x$O$_3$（$0.05 < x \leqslant 0.5$）表现为铁磁性[12]，与理论计算一致。根据当前的计算结果,当 $x=0.125$、0.25 和 0.5 时,A 型反铁磁态和 G 型反铁磁态都比铁磁态的能量要高,即 EuTi$_{1-x}$Nb$_x$O$_3$（$0.125 \leqslant x \leqslant 0.5$）的基态是铁磁态。$x=0.125$ 时,Ti 位 Nb 掺杂导致 EuTi$_{1-x}$Nb$_x$O$_3$ 由 G 型反铁磁向铁磁转变。将 $0.125 \leqslant x$ 时与 $x=0$ 时比较发现,Nb 掺杂导致系统晶胞体积增大和 Ti—O 键变长,从而导致态密度发生两个方面的变化。首先,费米面下的带宽增加。在 $x=0$ 时,费米面下带宽大概为 8.0 eV,而 $0.125 \leqslant x$ 时,费米面下带宽大概为 9.6 eV（见图 3.6 至图 3.8）。其次,费米面处的态密度值增大。$x=0$ 时,费米面处态密度为 0,但当 $0.125 \leqslant x$ 时,费米面处态密度基本为 1.60~2.61 态/eV（见图 3.6 至图 3.8）。根据铁磁性的 Stoner 模型,费米面处的态密度和铁磁性相关[27]。这就意味着,$x \geqslant 0.125$ 时 Nb 掺杂强化了铁磁性的 Stoner 机制。

表 3.3 A 型反铁磁态（A-AFM）、G 型反铁磁态（G-AFM）和铁磁态（FM）比最低能量多出的总能

单位：eV/f.u.

x	A-AFM	FM	G-AFM
0	0.005 1	0.002 1	0
0.125	0.034 9	0	0.022 8
0.25	0.042 9	0	0.044 9
0.5	0.096 4	0	0.101 3

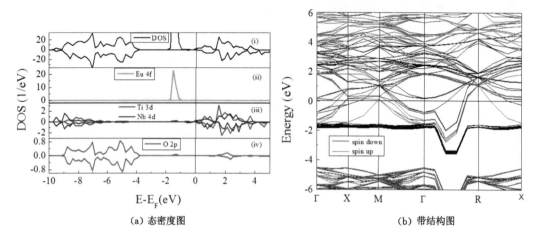

图 3.6　$EuTi_{0.875}Nb_{0.125}O_3$ 的态密度图和带结构图

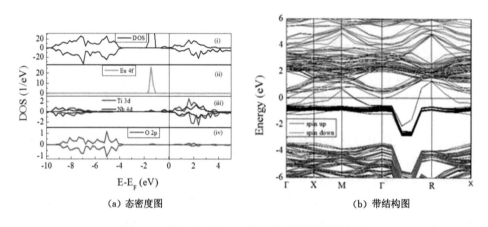

图 3.7　$EuTi_{0.75}Nb_{0.25}O_3$ 的态密度图和带结构图

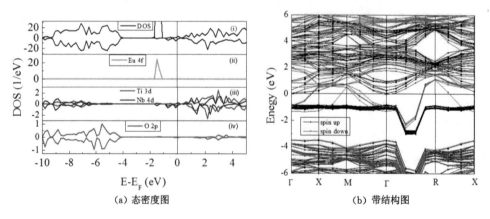

图 3.8　$EuTi_{0.5}Nb_{0.5}O_3$ 的态密度图和带结构图

为了进一步理解 Nb 掺杂导致 $EuTiO_3$ 磁性的变化，表 3.4 列出了 $EuTi_{1-x}Nb_xO_3$（$0 \leqslant x \leqslant 0.5$）基态的原子磁矩。在 $EuTiO_3$ 中，Eu 原子的磁矩为 6.814 μ_B，Ti 和 Nb 原子磁矩均

为 0。由于 Eu 磁矩按照 G 型反铁磁磁结构排列，EuTiO$_3$ 的总磁矩为 0 μ_B。随着 x 增大，系统晶格参数增大，由于晶格-自旋耦合作用，反铁磁-铁磁转变出现。对于 $x \geqslant 0.125$，所有 Eu 原子之间都按照铁磁磁结构排列。随着 x 增大，Eu 的磁矩不断增大，从 $x=0$ 时的 6.814 μ_B/原子增加到 $x=0.5$ 时的 6.861 μ_B/原子，Eu 4f 之间的反铁磁耦合逐渐被铁磁耦合作用替代，这和实验结果是一致的。实验中[12]，EuTi$_{1-x}$Nb$_x$O$_3$ 的有效饱和磁矩从 7.92 μ_B 到 8.88 μ_B 变化。Sr 掺杂 EuTiO$_3$ 中[16]，Eu 的磁矩从 6.4 μ_B/原子增加到 6.6 μ_B/原子；在 $x=0.125$、0.25 和 0.5 时，EuTi$_{1-x}$Nb$_x$O$_3$ 超胞的总磁矩分别为 55.254 μ_B、56.224 μ_B、56.396 μ_B。随着 x 增大，Eu 的磁矩有微小的增大，Ti 和 Nb 原子由于与 Eu 的耦合都有了微小的磁矩，所以铁磁结构的 EuTi$_{1-x}$Nb$_x$O$_3$ ($0.125 \leqslant x \leqslant 0.5$) 总磁矩随掺杂量增加变化稍微增大。

表 3.4 EuTi$_{1-x}$Nb$_x$O$_3$ ($0 \leqslant x \leqslant 0.5$) 基态的原子磁矩

x	磁矩/μ_B		
	Eu	Ti	Nb
0	6.814	0	0
0.125	6.838	0.141	0.124
0.25	6.856	0.251	0.333
0.5	6.861	0.24	0.311

随着 Nb 掺杂增加，Eu 原子的磁矩和 EuTi$_{1-x}$Nb$_x$O$_3$ 的总磁矩都增加，这和 Nb 掺杂导致系统的晶格参数和体积增加有密切关系。图 3.9 给出了 EuTi$_{1-x}$Nb$_x$O$_3$ 的晶胞体积、G 型反铁磁与铁磁能量差、Eu 原子磁矩随 Nb 掺杂量 x 变化的对比图。由图 3.9 可以看出，随着 Nb 掺杂量增加，EuTi$_{1-x}$Nb$_x$O$_3$ 的晶胞体积增大。由于晶格和自旋耦合的作用，Nb 掺杂导致 EuTi$_{1-x}$Nb$_x$O$_3$ 的反铁磁作用减弱，铁磁作用加强，Eu 的磁矩也增大。由图 3.9(b) 可以看出当 $x=0$ 时 G 型反铁磁能量略低于铁磁能量，但 $x \geqslant 0.125$ 时 G 型反铁磁能量比铁磁能量高，并且能量差值随掺杂量增加而增大，这说明铁磁序随着 Nb 掺量增加越来越稳定了。

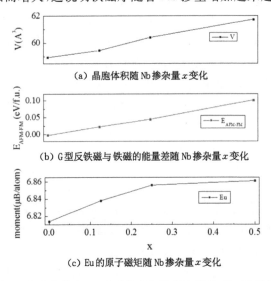

(a) 晶胞体积随 Nb 掺杂量 x 变化

(b) G 型反铁磁与铁磁的能量差随 Nb 掺杂量 x 变化

(c) Eu 的原子磁矩随 Nb 掺杂量 x 变化

图 3.9 EuTi$_{1-x}$Nb$_x$O$_3$ 的晶胞体积、G 型反铁磁与铁磁能量差、Eu 原子磁矩的对比图

3.3.4 $EuTi_{1-x}Nb_xO_3$ 的电子结构

根据当前的计算结果，$EuTiO_3$ 拥有 G 型反铁磁绝缘基态而 $EuTi_{1-x}Nb_xO_3$（$0.125 \leq x \leq 0.5$）基态是铁磁金属，这和实验[12,22]是一致的。图 3.6～图 3.8 中给出了 $EuTi_{1-x}Nb_xO_3$（$0.125 \leq x \leq 0.5$）基态的总态密度图和 Ti 3d 轨道、O 2p 轨道、Nb 4d 轨道及 Eu 4f 轨道的分波态密度图。本讨论中的能量限于 -10 eV 至 5 eV，费米能量为 0。

掺 Nb 后的 $EuTi_{1-x}Nb_xO_3$ 的态密度和 $EuTiO_3$ 完全不同。图 3.6 给出了 $EuTi_{0.875}Nb_{0.125}O_3$ 的总态密度、分波态密度图和带结构。占据的 O 2p 态主要在约 -1.34 eV 附近和约 -9.00 eV 至约 -3.77 eV 之间，而占据的 Ti 3d 态和 Nb 4d 态在约 -1.77 eV 至约 0 eV 之间和约 -9.60 eV 至约 4.48 eV 之间。Ti 3d 态和 Nb 4d 态之间有非常明显的杂化。Ti 3d 态和 Nb 4d 态跨越费米面导致出现 $EuTi_{0.875}Nb_{0.125}O_3$ 金属基态，费米能级处的 TDOS 为 -2.61 态/eV。与 $EuTiO_3$ 的态密度和带结构比较发现，未掺杂的 $EuTiO_3$ 导带底 Ti 3d 是空带，系统中 Nb 部分替代 Ti 后，掺杂电子占据导带的底部，费米能级向上移动到导带中，导致 $EuTiO_3$ 产生绝缘体-金属转变。

最后，讨论 $EuTi_{1-x}Nb_xO_3$（$x=0.25$ 和 $x=0.5$）的总态密度和分波态密度。图 3.7 和图 3.8 给出了它们的总态密度、分波态密度、带结构。和 $EuTi_{0.875}Nb_{0.125}O_3$ 类似，Ti 3d 带和 Nb 4d 带间有明显的杂化现象出现，并且随着 x 增大而增强。Nb 4d 和 Ti 3d 带跨越费米面，导致它们出现金属基态。实验中，$EuTi_{0.8}Nb_{0.2}O_3$ 和 $EuTi_{0.6}Nb_{0.4}O_3$ 也具有金属性，这和当前的理论计算结果是一致的[12]。

如前所述，$EuTiO_3$ 中存在着反铁磁交换和铁磁交换相互作用的竞争，由于 Eu 4f 和 Ti 3d 杂化作用（见图 3.3 中 $EuTiO_3$ 的态密度图）间接通过 Ti 3d 的 Eu 4f 反铁磁超交换占主导作用[25]，而通过 Eu 4d 之间铁磁相互作用虽然存在但比较弱[28]，所以总体上 $EuTiO_3$ 表现出反铁磁相互作用。由表 3.3 可以看出，尽管 $EuTiO_3$ 的 G 型反铁磁能量比铁磁能量低，但差距只有 0.002 1 eV/f.m.。

随着 Nb 掺杂量增加，$EuTi_{1-x}Nb_xO_3$ 的晶胞体积增大，由于晶格-自旋耦合作用，由图 3.6、图 3.7、图 3.8 可以看出 Ti 3d 带与 Eu 4f 带间几乎没有杂化，导致间接通过 Ti 3d 的 Eu 4f 反铁磁相互作用减弱了，而通过 Eu 5d 铁磁相互作用加强了。从能量上也可以看出，反铁磁与铁磁的能量差越来越大（见图 3.9），意味着铁磁序随着 Nb 掺杂量的增加越来越稳定。本研究中 Nb 掺杂 $EuTiO_3$ 的反铁磁-铁磁转变机制对讨论 Sr、Ba、H 掺杂 $EuTiO_3$ 中铁磁性的出现有非常重要的参考意义，因为这些掺杂体系中铁磁性都与晶格参数和晶胞体积增大有关。

3.4 结论

基于第一性原理的杂化泛函方法计算了 Ti 位 Nb 掺杂的 $EuTi_{1-x}Nb_xO_3$（$0 \leq x \leq 1$）的结构和电磁性质。计算结果表明，$EuTi_{1-x}Nb_xO_3$ 都稳定在立方结构中。随着 x 增大，$EuTi_{1-x}Nb_xO_3$ 晶格参数、晶胞体积、Eu 的原子磁矩都线性增大。$x=0$ 时，$EuTiO_3$ 表现为 G 型反铁磁绝缘体；$0.125 \leq x \leq 1$ 时，$EuTi_{1-x}Nb_xO_3$ 是铁磁金属。Nb 掺杂后，掺杂电子占据导带底部导致 $EuTi_{1-x}Nb_xO_3$ 中出现绝缘体-金属转变。随着掺杂量增加 G 型反铁磁和铁磁之间的能量差越来越大,意味着铁磁结构随 x 增大越来越稳定。由于晶格-自旋耦合作用,Nb 掺杂导致 $EuTi_{1-x}Nb_xO_3$ 晶胞体积增大,从而导致铁磁性出现并加强。当前的理论计算结果和已有的实验是一致的,很好地解释了实验。

参考文献

[1] MCGUIRE T R, SHAFER M W, JOENK R J, et al. Magnetic structure of $EuTiO_3$ [J]. Journal of applied physics, 1966, 37(3): 981-982.

[2] KATSUFUJI T, TAKAGI H. Coupling between magnetism and dielectric properties in quantum paraelectric $EuTiO_3$ [J]. Physical review B, 2001, 64(5): 054415.

[3] FENNIE C J, RABE K M. Magnetic and electric phase control in epitaxial EuTiO(3) from first principles [J]. Physical review letters, 2006, 97(26): 267602.

[4] LEE J H, FANG L, VLAHOS E, et al. A strong ferroelectric ferromagnet created by means of spin-lattice coupling [J]. Nature, 2011, 476(7358): 114.

[5] RUBI K, MIDYA A, MAHENDIRAN R, et al. Magnetocaloric properties of $Eu_{1-x}La_xTiO_3$ ($0.01 \leqslant x \leqslant 0.2$) for cryogenic magnetic cooling [J]. Journal of applied physics, 2016, 119(24): 243901.

[6] SAGARNA L, SHKABKO A, POPULOH S, et al. Electronic structure and thermoelectric properties of nanostructured $EuTi_{1-x}Nb_xO_{3-\delta}$ ($x=0.00; 0.02$) [J]. Applied physics letters, 2012, 101(3): 033908.

[7] SAGARNA L, POPULOH S, SHKABKO A, et al. Influence of the oxygen content on the electronic transport properties of $Sr_xEu_{1-x}TiO_{3-\delta}$ [J]. The journal of physical chemistry C, 2014, 118(15): 7821-7831.

[8] TAKAHASHI K S, ONODA M, KAWASAKI M, et al. Control of the anomalous Hall effect by doping in Eu(1−x)La(x)TiO(3) thin films [J]. Physical review letters, 2009, 103(5): 057204.

[9] WEI T, SONG Q G, ZHOU Q J, et al. Cr-doping induced ferromagnetic behavior in antiferromagnetic $EuTiO_3$ nanoparticles [J]. Applied surface science, 2011, 258(1): 599-603.

[10] YAMAMOTO T, YOSHII R, BOUILLY G, et al. An antiferro-to-ferromagnetic transition in $EuTiO_{3-x}H_x$ induced by hydride substitution [J]. Inorganic chemistry, 2015, 54(4): 1501-1507.

[11] YOSHII K, MIZUMAKI M, NAKAMURA A, et al. Structure and magnetism of $Eu_{1-x}Dy_xTiO_3$ [J]. Journal of solid state chemistry, 2003, 171(1/2): 345-348.

[12] LI L, ZHOU H D, YAN J Q, et al. Research Update: magnetic phase diagram of $EuTi_{1-x}B_xO_3$ (B=Zr, Nb) [J]. APL materials, 2014, 2(11): 110701.

[13] KUSUSE Y, MURAKAMI H, FUJITA K, et al. Magnetic and transport properties of $EuTiO_3$ thin films doped with Nb [J]. Japanese journal of applied

physics,2014,53(5S1):05FJ07.

[14] HENDERSON N L, KE X L, SCHIFFER P, et al. Solution precursor synthesis and magnetic properties of $Eu_{1-x}Ca_xTiO_3$[J]. Journal of solid state chemistry, 2010,183(3):631-635.

[15] MO Z J, HAO Z H, DENG J Z, et al. Observation of giant magnetocaloric effect under low magnetic field in $Eu_{1-x}Ba_xTiO_3$[J]. Journal of alloys and compounds, 2017,694:235-240.

[16] MO Z J, SUN Q L, WANG C H, et al. Effects of Sr-doping on the giant magnetocaloric effect of $EuTiO_3$[J]. Ceramics international, 2017, 43(2): 2083-2088.

[17] MO Z J, SUN Q L, HAN S, et al. Effects of Mn-doping on the giant magnetocaloric effect of $EuTiO_3$ compound[J]. Journal of magnetism and magnetic materials,2018,456:31-37.

[18] AKAHOSHI D, KOSHIKAWA S, NAGASE T, et al. Magnetic phase diagram for the mixed-valence Eu oxide $EuTi_{1-x}Al_xO_3$($0 \leqslant x \leqslant 1$)[J]. Physical review B, 2017,96(18):184419.

[19] KRESSE G, JOUBERT D. From ultrasoft pseudopotentials to the projector augmented-wave method[J]. Physical review B,1999,59(3):1758-1775.

[20] KRESSE G, FURTHMÜLLER J. Efficient iterative schemes for ab initio total-energy calculations using a plane-wave basis set[J]. Physical review B, condensed matter,1996,54(16):11169-11186.

[21] XU S, SHEN X, HALLMAN K A, et al. Unified band-theoretic description of structural, electronic, and magnetic properties of vanadium dioxide phases[J]. Physical review B,2017,95(12):125105.

[22] AKAMATSU H, FUJITA K, HAYASHI H, et al. Crystal and electronic structure and magnetic properties of divalent europium perovskite oxides $EuMO_3$ (M=Ti,Zr,and Hf):experimental and first-principles approaches[J]. Inorganic chemistry,2012,51(8):4560-4567.

[23] KUSUSE Y, YOSHIDA S, FUJITA K, et al. Structural phase transitions in $EuNbO_3$ perovskite[J]. Journal of solid state chemistry,2016,239:192-199.

[24] AKAMATSU H, KUMAGAI Y, OBA F, et al. Antiferromagnetic superexchange via 3d states of titanium in $EuTiO_3$ as seen from hybrid Hartree-Fock density functional calculations[J]. Physical review B,2011,83(21):214421.

[25] ZUBKOV V G, TYUTYUNNIK A P, PERELIAEV V A, et al. Synthesis and structural, magnetic and electrical characterisation of the reduced oxoniobates $BaNb_8O_{14}$, $EuNb_8O_{14}$, $Eu_2Nb_5O_9$ and Eu_xNbO_3 ($x=0.7,1.0$)[J]. Journal of alloys and compounds,1995,226(1/2):24-30.

[26] WOLLAN E O, KOEHLER W C. Neutron diffraction study of the magnetic properties of the series of perovskite-type compounds $[(1-x)La,xCa]MnO_3$

[J]. Physical review,1955,100(2):545-563.

[27] STONER E C. XXXIII. Magnetism and molecular structure[J]. The London, Edinburgh, and Dublin philosophical magazine andjournal of science, 1927, 3(14):336-356.

[28] CHIEN C-L.; DEBENEDETTI S, BARROS F D S. Magnetic properties of $EuTiO_3$, Eu_2TiO_4, and $Eu_3Ti_2O_7$[J]. Physical review B,1974, 10 (9), 3913-3922.

第 4 章　应变作用下 $EuTiO_{3-x}H_x$ 中金属的铁电铁磁多铁

本章通过杂化密度泛函理论计算,报道了应变作用下的 H 掺杂外延 $EuTiO_3$ 薄膜中金属的铁电-铁磁多铁性。极化金属中磁性的出现为调控这些材料的物理性质提供了一个新的自由度。我们讨论了金属性、铁电性和铁磁性的共存机制。金属 $EuTiO_{3-x}H_x$ 中的铁磁性是由 RKKY 相互作用来解释的,这与实验相符。金属性和铁电性之所以共存是因为费米能级上的电子与铁电畸变之间的弱耦合。研究结果表明,应变和掺杂的联合效应是实现 $EuTiO_3$ 基金属多铁性的原因,并可能为在其他材料中实现金属的多铁性提供一种新的方式。

4.1　引言

通常认为铁电性不能存在于金属中,因为导电电子屏蔽内部静电场。然而,Anderson 等[1]在 1965 年预测,只要费米能级上的电子态不与铁电畸变耦合,铁电性就可以出现在金属中。2013 年,Shi 等[2]发现了第一种固体极化金属 $LiOsO_3$,当温度冷却至约 140 K 时,$LiOsO_3$ 从中心对称相转变为类铁电相,同时保持金属性,这意味着在金属中有保持铁电性的可能性。从那时起,许多研究[3-9]都证实了极化金属的存在,尽管极化金属的种类很少。在这些材料中,实验表明[3-6]通过施加外电场可实现极化的翻转,这证明了它们是理论预测的铁电体[10-11]。这些极化金属在非线性光学[12]、铁电器件[13]以及作为量子器件的拓扑材料等方面具有潜在的应用[14]。同时,铁电-铁磁多铁性同时显示铁电性和铁磁性[15-18]。这些材料可以通过磁场控制极化或通过外部电场控制磁矩[17],带来低功耗和高密度信息存储的新技术。然而,铁电-铁磁多铁性材料非常罕见,寻找新的铁电-铁磁多铁性材料是当前材料研究中的一个活跃的研究领域。

在一种材料中,铁电性、铁磁性和金属性同时共存是非常罕见的。到目前为止,已经证明了这三种性质在应变薄膜、超晶格和层状结构中能共存。Yao 等[6]通过实验测量和第一原理计算报道了 $PbNb_{0.12}Ti_{0.88}O_{3-\delta}$ 中铁电性、铁磁性和金属行为在室温中共存。Cao 等[9]在 $BaTiO_3/SrTiO_3/LaTiO_3$ 超晶格中使一种 B 位型的非中心对称的二维极化金属成为现实,铁电、铁磁和超导相共存其中。Shimada 等[19]利用杂化密度泛函理论计算表明,在电子掺杂的 $PbTiO_3$ 中,金属导电性可以与铁电畸变和层状铁磁性共存。为了实现金属的铁电-铁磁多铁性,我们注意到应变是诱发铁电性的有效方式[20-22],而金属性和铁磁性可以共存于具有 RKKY 机制的材料中,其中铁磁相互作用通过导电电子媒介来实现。因此,应变作用下的 RKKY 型材料,比如 H 掺杂的 $EuTiO_3$[23],是有望实现金属铁电、铁磁多铁性的系统。

$EuTiO_3$ 由于在磁传感[18]、存储器、磁光器件[24]和磁热转换器件[25-27]等方面的潜在应用受到人们的广泛关注。$EuTiO_3$ 展示出一系列有趣的性质,如多铁性[18,28]、铁磁性[23,29-32]、反常霍尔效应[33]、二维电子气[34-35]、超导性[34]和巨磁热效应[25-27]。EuTiO$_3$丰富的物理性质很大程度上是因为它稳定在顺电态和铁电态之间,以及存在反铁磁和铁磁态之间的多临界平衡。在没有应变或掺杂的情况下,EuTiO$_3$显示出顺电反铁磁态[36-37]。但是,在应变下转变进入铁电铁磁态[18,28,38]。EuTiO$_3$的磁结构在低于5.3 K或5.5 K[39-40]时表现为G型反铁磁,存在反铁磁和铁磁态之间微妙平衡[41]。另外,掺杂不仅可以在材料中引入金属性,还可以改变反铁磁和铁磁态之间的平衡诱导铁磁性[23,29-32]。例如,EuTiO$_3$的H掺杂导致EuTiO$_{3-x}$H$_x$变成金属,并伴随着反铁磁-铁磁转换[23],其中铁磁性是通过Eu^{2+}离子之间的RKKY相互作用且巡游的Ti 3d电子媒介来实现的。通过这些实验结果可以发现,应变EuTiO$_{3-x}$H$_x$薄膜有望成为金属铁电铁磁多铁性材料的候选者。

在本章中,我们利用杂化密度泛函理论的PBE0泛函[42-43]计算了EuTiO$_{3-x}$H$_x$体和薄膜的结构、电磁和极化性质。结果表明,体材料EuTiO$_{3-x}$H$_x$在$x=0$时是反铁磁绝缘体,在$x=0.125$和$x=0.25$时是铁磁金属,这与实验相符。我们预测了应变的EuTiO$_{3-x}$H$_x$薄膜中的金属铁电铁磁相。这是首次在Eu基材料中证明金属性、铁电性和铁磁性共存。极化金属磁性的发现使人们能够利用磁场在应用中调控这些材料。我们还讨论了EuTiO$_{3-x}$H$_x$薄膜中这些属性共存的机制。研究结果表明,应变和掺杂相结合是实现EuTiO$_3$基金属多铁性材料的一种很有效的方法,并可能为获得其他潜在的金属多铁性材料提供一种新的途径。

4.2 计算方法

通过VASP(the Vienna Ab initio Simulation Package)[44]软件进行了杂化密度泛函理论计算,采用一个包含22% Hartree-Fock[45-46]交换调制过的PBE0杂化泛函,通过计算获得和实验完全一致的EuTiO$_3$的G型反铁磁基态[40],带隙为0.87 eV。并且预测了体立方结构EuTiO$_3$的晶格常数为3.882 Å,这与实验值3.904 Å[47]是一致的。计算过程中使用了PAW赝势[48],其中Eu、Ti、O和H价态分别包括4f5s5p6s、3d4s、2s2p和1s电子。我们使用M点为中心$2\times2\times2$ k点[49]网格来优化40个原子Eu$_8$Ti$_8$O$_{24-x}$H$_x$($x=0,1,2$)超晶胞和$3\times3\times3$ G点为中心k点网格来计算态密度并获得带隙。迭代优化超晶胞的原子位置,直到两个连续的离子步之间总能量差小于或等于10^{-3} eV。电子自洽迭代收敛于连续电子步迭代之间小于或等于10^{-4} eV。计算过程中平面波截止能为400 eV。

EuTiO$_3$具有立方结构(空间群为Pm-3m),实验晶格常数是3.904 Å。同时,无应变作用下的H掺杂EuTiO$_{3-x}$H$_x$稳定在立方的钙钛矿结构上,表现出金属的铁磁性[23]。为了和实验上无应变作用下的EuTiO$_{3-x}$H$_x$电磁性质进行比较,本研究中,我们首先构建了一个由40个原子组成的Eu$_8$Ti$_8$O$_{24-x}$H$_x$($x=0,1,2$)的$2\times2\times2$超晶胞,简化的分子式为EuTiO$_{3-x}$H$_x$($x=0,0.125,0.25$),并弛豫了原子位置和晶胞。考虑了A、C、G型反铁磁和铁磁等四种磁结构[50]。然后,我们应用平面内压应变来模拟沿[001]方向衬底上外延生长的应变EuTiO$_{3-x}$H$_x$($x=0.125,0.25$)薄膜。原子位置和沿(001)方向的晶格常数得到了充分优化。应变EuTiO$_{3-x}$H$_x$薄膜的磁结构主要考虑了G型反铁磁和铁磁结构,这是因为实验结果显示了未掺杂EuTiO$_3$的基态是G型反铁磁结构且应变EuTiO$_{3-x}$H$_x$薄膜的基态是铁磁结构。计算结果表明,EuTiO$_3$的A型和C型反铁磁态与G型反铁磁态的能量差远高于铁磁与 G 型反铁磁态之间的能量差。

为了通过在材料上施加电场来检查电极化的可翻转性,对约 32 Å 厚的铁电和顺电 $Eu_4Ti_4O_{11}H/Eu_4Zr_4O_{12}$($EuTiO_{2.75}H_{0.25}/EuZrO_3$)超晶格进行了第一性原理计算,该超晶格由 $Eu_4Ti_4O_{11}H$($EuTiO_{2.75}H_{0.25}$)($n=4$,约 16 Å 厚)层和 $Eu_4Zr_4O_{12}$($EuZrO_3$)(4 个相同原子结构,层厚约 16 Å)层交替组成。$Eu_4Zr_4O_{12}$ 是非极性的,作为包层绝缘体,提供 $Eu_4Ti_4O_{11}H$ 中传导电子的有效约束。基于 PAW 赝势[48],超晶格的密度泛函理论计算通过 VASP 包来实现。交换相关函数采用 PBE 的广义梯度近似加 U(GGA+U)。Hubbard $U=5.0$ 和 Stoner 交换参数 $J=0.64$ 用于 Ti 原子的 d 轨道[51],$U=7.0$ 和 $J=0.0$ 用于 Zr 原子的 d 轨道和 Eu 原子的 f 轨道。计算还预测了体 $EuZrO_3$ 的带隙为 3.92 eV,$EuTiO_3$ 的带隙为 1.50 eV,这比实验值大[47]。我们使用一个 $7\times7\times1$ 的以 M 为中心 k 点网格来优化 40 个原子的 $EuTiO_{2.75}H_{0.25}/EuZrO_3$ 超晶格薄膜。对超晶格的原子位置进行迭代优化,直到总能量差为两个连续的离子步骤之间小于或等于 10^{-3} eV。使用 400 eV 的平面波截止值,电子自洽迭代收敛于电子步连续迭代之间小于或等于 10^{-4} eV。

为了分析超晶格中的电荷密度和电势,采用了著名的平均过程和参考文献[11]的公式(6)。我们还发现,在 $L=d$ 和 $2d$ 或 $L=3d$ 和 $2d$(d 为面间距)条件下,两次应用平均后,在消除振荡方面获得了最佳效果。其中,d 是平均面间距离。

4.3 结果与讨论

4.3.1 掺杂对无应变 $EuTiO_{3-x}H_x$ 的效应

表 4.1 给出了体材料无应变 $EuTiO_{3-x}H_x$ 来自实验文献[40,47,52]和本研究工作的晶格常数、带隙和磁基态。首先,我们对比体 $EuTiO_{3-x}H_x$ 来自实验和本计算的晶体结构。计算中,所有体 $EuTiO_{3-x}H_x$ 的结构都稳定为立方对称性,这和实验结果是一致的[23]。通过 FINDSYM 软件[53],我们获得 $EuTiO_{3-x}H_x$ 在 x 为 0,0.125,0.25 时的空间群分别为 Pm-3m,P4/mmm,和 Pmmm。根据计算,$EuTiO_3$ 的晶格常数是 3.882 Å,比实验值 3.904 Å[23]小 0.56%。随着 H 含量的增加,实验和理论计算的晶格常数值都单调增加。理论晶格常数轻微地比实验值小,这是可以理解的,因为杂化的密度泛函计算模拟的是不包含热膨胀时温度为 0 K 的结构。总之,计算的 $EuTiO_{3-x}H_x$ 晶格参数和随 x 增大的变化趋势和实验完全一致[23]。

下面研究 $EuTiO_{3-x}H_x$($x=0,0.125,0.25$)的电子结构。如表 4.1 所示,计算表明 $EuTiO_{3-x}H_x$ 在 $x=0$ 时是 G 型反铁磁绝缘体,$x=0.125$,$x=0.25$ 时是铁磁金属,这和实验是一致的[23]。H 掺杂导致的绝缘体-金属转变可以从图 4.1 中 $EuTiO_{3-x}H_x$ 的分波态密度 Eu 4f,Ti 3d,O 2p,H 1s 带中看出来。我们考虑的能量范围在 -10 eV 到 5 eV 之间,费米面为 0 eV。

实验显示未掺杂的 $EuTiO_3$ 是反铁磁绝缘体,光学带隙为 0.93 ± 0.07 eV 或者 0.8 eV[40,47],和本书计算值 0.87 eV 是基本一致的。图 4.1(a)表明了 Ti 3d 和 O 2p 是对称的,这是因为 $EuTiO_3$ 是 G 型反铁磁结构。费米面下占据的带结构主要包括 Eu 4f,Ti 3d 和 O 2p,杂化在它们之间发生。费米面下窄的 Eu 4f 带意味着这些态是局域的。$EuTiO_3$ 的导

表 4.1 EuTiO$_{3-x}$H$_x$ 体实验和理论的晶格常数、带隙和磁基态

x		$a/\text{Å}$	带隙/eV	磁基态
0	本工作	3.882	0.87	G-AFM
	实验	3.904[47]	0.80/0.93[40,47]	G-AFM[47,52]
0.07	实验[23]	3.906	0	FM
0.125	本工作	3.885	0	FM
0.15	实验[23]	3.909	0	FM
0.25	本工作	3.887	0	FM
0.3	实验[23]	3.914	0	FM

带底由 Ti 3d 和 Eu 4f 态构成。根据我们的计算,0.87 eV 的绝缘带隙在价带顶和导带底的 Γ 点打开,这和实验[40,47]还有以前的杂化密度函数方法计算研究是一致的[42,47]。

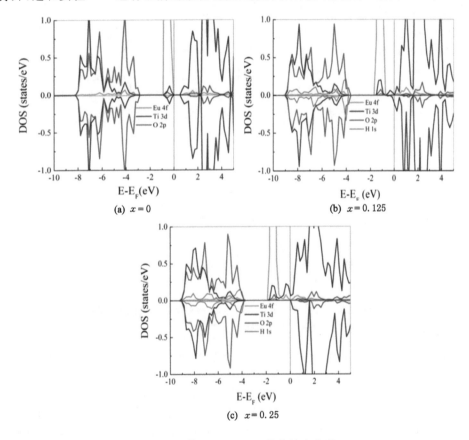

图 4.1 体 EuTiO$_{3-x}$H$_x$ 的分波态密度

H 掺杂的 EuTiO$_{3-x}$H$_x$($x=0.125, 0.25$) 的分波态密度[见图 4.1(b) 和 4.1(c)]不同于未掺杂的 EuTiO$_3$。Ti 3d 和 O 2p 是非对称的,意味着 Ti 3d 态是自旋极化的,铁磁基态出现。同时,金属特征出现在 EuTiO$_{2.875}$H$_{0.125}$ 和 EuTiO$_{2.75}$H$_{0.25}$ 中。H 替代给系统提供了一个巡游电子,并且导致了 Ti^{3+}(3d^1) 出现。结果由 Ti 3d 主导的带跨越费米面,导致出现一

个金属的基态。费米面的分波态密度是约 0.1 态/eV。通过这个机制，H 掺杂导致了 $EuTiO_{3-x}H_x$ 中的反铁磁-铁磁转变和绝缘体-金属转变。实验上，$EuTiO_{3-x}H_x$[23] 的电阻表现出了金属的特征，一个反铁磁-铁磁转变在 $x=-0.07$ 时出现，这证实了计算结果。费米面下方，Eu 4f、Ti 3d、O 2p、H 1s 态之间有明显的杂化出现。费米面附近，$EuTiO_{3-x}H_x$ ($x=0.125,0.25$) 的 Ti 3d 和 Eu 4f 带的杂化比 $EuTiO_3$ 的更强，可以从这些态变宽看出。这些结果意味着巡游的 Ti 3d 电子和局域的 Eu 4f 电子之间的铁磁相互作用由于 d-f 交换变得更强。

为了理解实验观察到的铁磁性，我们计算了无应变 $EuTiO_{3-x}H_x$ ($x=0,0.125,0.25$) A、C、G 型反铁磁和铁磁态每个分子式单元的总能、Eu 原子的磁矩和每个分子式单元的总磁矩。计算结果表明，系统在 $x=0$ 时的基态是 G 型反铁磁，在 $x=0.125,0.25$ 时的基态是铁磁，这和实验结果是一致的[23,39]。图 4.2 给出了无应变 $EuTiO_{3-x}H_x$ 的铁磁和反铁磁态的总能差、Eu 原子的磁矩和每个分子式单元的总磁矩。对于 $EuTiO_3$，铁磁态，A 型、C 型反铁磁态能量比 G 型反铁磁态的分别高 0.6 meV/f.u.、3.0 meV/f.u. 和 4.8 meV/f.u.。G 型反铁磁和铁磁之间非常小的能量差意味着 $EuTiO_3$ 中 G 型反铁磁超交换和铁磁交换之间的细微平衡，尽管基态是 G 型反铁磁，总磁矩为 0。H 替代 O 改变了 G 型反铁磁和铁磁之间的平衡。如图 4.2 所示，体材料 $EuTiO_{3-x}H_x$ 的铁磁总能量比 G 型反铁磁在 $x=0.125$ 和 0.25 时的分别低 3.3 meV/f.u. 和 39.1 meV/f.u.。这意味着体 $EuTiO_{3-x}H_x$ 中随着 H 含量 x 的增大，铁磁相互作用变强。因此，总磁矩和 Eu 原子磁矩随 x 增大而增大。

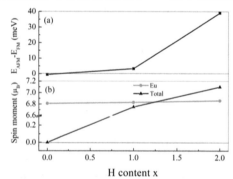

(a) 体 $EuTiO_{3-x}H_x$ 的每个分子式（f.u.）单元的铁磁和 G 型反铁磁的总能差；
(b) 计算的每个分子式单元的总磁矩。

图 4.2　无应变 $EuTiO_{3-x}H_x$ 的铁磁和反铁磁态的总能差、Eu 原子的磁矩和每个分子式单元的总磁矩

$EuTiO_{3-x}H_x$ 中 H 掺杂导致的铁磁相互作用可以解释为有巡游的 Ti 3d 电子媒介的 Eu 原子之间的 RKKY 相互作用。H 替代 O 导致一些 Ti 离子从 Ti^{4+}（$3d^0$）到 Ti^{3+}（$3d^1$），结果引入了一些巡游电子到系统中。如图 4.1(b) 和图 4.1(b) 所示，巡游电子占据导带底，金属性出现。随着巡游电子的出现，铁磁性也出现了。与此同时，$EuTiO_{3-x}H_x$ 中 Ti 3d 和 Eu 4f 带之间的杂化比 $EuTiO_3$ 的强（见图 4.1）。所以这些结果都和 H 掺杂 $EuTiO_{3-x}H_x$ 的由 RKKY 机制所引起的铁磁性的解释是一致的。RKKY 机制是通过 H 掺杂引入 Ti^{3+}（$3d^1$）态的巡游电子来实现的。随着 H 含量 x 的增大，巡游 Ti 电子增加，以巡游电子为媒介的 Eu^{2+} 离子之间的铁磁相互作用增强。结果，无应变 $EuTiO_{3-x}H_x$ 的铁磁和反铁磁态之间的总能差、总磁矩和 Eu 原子磁矩随着 x 增加而增加。

4.3.2 掺杂和应变对 EuTiO$_{3-x}$H$_x$ 薄膜的联合效应

我们现在考查沿[001]方向生长的外延应变 EuTiO$_{3-x}$H$_x$ 薄膜。这些薄膜有一个和衬底的晶格参数相匹配的平方基的晶格参数 a_f。我们用公式 $\eta = (a_f - a_b)/a_b$ 定义非匹配应变，这里 a_b 是优化的体 EuTiO$_{3-x}$H$_x$ 的平面内的晶格常数。固定某一个 a_f 的值，结构优化过程中，EuTiO$_{3-x}$H$_x$ 薄膜的 c 轴和所有原子充分弛豫。因为金属性材料中，极化强度是一个没有定义的物理量，我们定义一个新物理量 P^* 来描述 EuTiO$_{3-x}$H$_x$ 薄膜中的极化扭曲[54]。$P^* = (B_l - B_s)/[(B_l + B_s)/2]$，这里 B_l 和 B_s 分别代表长和短的 Ti—O 键长，如图 4.3 所示。当 $P^* = 0$ 时，没有极化扭曲。此外，一个更大的 P^* 代表一个更大的极化扭曲。这里，我们定义一个总能差 $\Delta E_{\text{FE-PE}}$，$\Delta E_{\text{FE-PE}} = E_{\text{FE}} - E_{\text{PE}}$，公式中 E_{FE} 和 E_{PE} 分别代表有顺电和铁电结构铁磁态的每个分子式单元的总能。我们还定义了一个总能差 $\Delta E_{\text{FM-AFM}}$，$\Delta E_{\text{FM-AFM}} = E_{\text{FM}} - E_{\text{AFM}}$，公式中 E_{FM} 和 E_{AFM} 分别代表铁电结构的铁磁态和顺磁态的每个分子式单元的总能。越负的 $\Delta E_{\text{FE-PE}}$ 意味着越稳定的铁磁极化结构。越负的 $\Delta E_{\text{FM-AFM}}$ 意味着从铁电结构的铁磁相向反铁磁相的转变越困难。

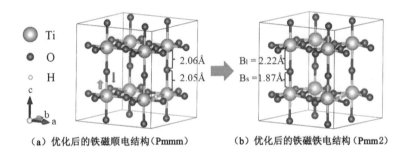

(a) 优化后的铁磁顺电结构（Pmmm）   (b) 优化后的铁磁铁电结构（Pmm2）

图 4.3 应变 $\eta = -3\%$ 时应变作用下的从顺电向铁电结构相转变示意图

为了研究 H 掺杂和压应变对 EuTiO$_{3-x}$H$_x$ 的极化扭曲和铁磁性的共同效应，我们计算了应变 EuTiO$_{3-x}$H$_x$ 薄膜的 $\Delta E_{\text{FE-PE}}$，$\Delta E_{\text{FM-AFM}}$，P^* 和 c/a 随非匹配应变参数 η（见图 4.4 和图 4.5）。首先，我们考虑 EuTiO$_{2.875}$H$_{0.125}$ 薄膜。如图 4.4(a) 所示，压应变对 EuTiO$_{2.875}$H$_{0.125}$ 薄膜的效应可以分成三个阶段：$0 \geqslant \eta > -1.3\%$ [图 4.4(a) 中用区域 III 标记]，$-1.3 \geqslant \eta > -2.4\%$（区域 II）和 $\eta \leqslant -2.4\%$（区域 I）。EuTiO$_{2.875}$H$_{0.125}$ 在 $\eta = 0$ 的空间群是 P4/mmm，在 $0 > \eta > -1.3\%$ 时的空间群是 Pmmm，这些范围内都没有表现出铁电性，因为极化铁磁相比非极化铁磁相的总能高。在 $\eta = -1.3\%$，系统开始从 Pmmm 相进入 Pmm2 相。在 $-1.3\% \geqslant \eta > -2.4\%$ 范围内，EuTiO$_{2.875}$H$_{0.125}$ 薄膜的能量差 $\Delta E_{\text{FE-PE}}$ 大约为 -0.1 meV/f.u.，极化强度 P^* 小于 0.035，这意味着极化和非极化金属相共存，但极化强度非常弱。在 $0 \geqslant \eta > -2.4\%$ 范围内，$\Delta E_{\text{FM-AFM}}$ 随着压应变的增加轻微减小。所以，在 $0 \geqslant \eta > -2.4\%$ 范围内容，EuTiO$_{2.875}$H$_{0.125}$ 薄膜主要表现为金属的铁磁性，H 掺杂通过 RKKY 机制对金属性和铁磁性负责。随着压应变增加，P^* 和 c/a（a，c 分别为平面内晶格常数和 c 轴晶格常数）慢慢增加。

随着压应变进一步增加，尽管 EuTiO$_{2.875}$H$_{0.125}$ 薄膜保持金属性，但极化行为发生改变。图 4.6 给出了 EuTiO$_{2.875}$H$_{0.125}$ 薄膜在 $\eta = -2.7\%$，-3% 时的分波态密度。类似于体材料

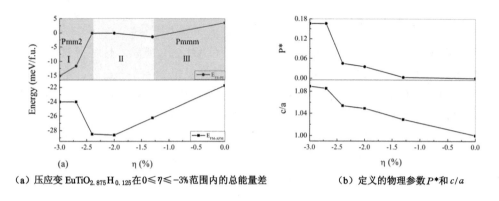

(a) 压应变 EuTiO$_{2.875}$H$_{0.125}$ 在 $0 \leqslant \eta \leqslant -3\%$ 范围内的总能量差　　(b) 定义的物理参数 P^* 和 c/a

图 4.4　应变 EuTiO$_{2.875}$H$_{0.125}$ 在 $0 \leqslant \eta \leqslant -3\%$ 范围内的总能量差和定义的物理参数

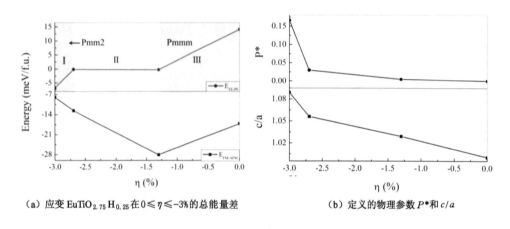

(a) 应变 EuTiO$_{2.75}$H$_{0.25}$ 在 $0 \leqslant \eta \leqslant -3\%$ 的总能量差　　(b) 定义的物理参数 P^* 和 c/a

图 4.5　应变 EuTiO$_{2.75}$H$_{0.25}$ 在 $0 \leqslant \eta \leqslant -3\%$ 范围内的总能量差和定义的物理参数

EuTiO$_{2.875}$H$_{0.125}$，巡游的 Ti 3d 态通过费米面导致了金属的特征，这证实了 EuTiO$_{2.875}$H$_{0.125}$ 薄膜的金属特征主要来自 H 掺杂导致的巡游的 Ti 3d 电子。一个大的极化扭曲 P^* 发生在 $\eta \leqslant -2.4\%$，在 $\eta = -2.7\%$ 和 $\eta = -3.0\%$ 时为 0.166。如图 4.4(b) 所示，P^* 和 c/a 在 $\eta = -2.4\%$ 时的突变，意味着是一个真实的结构相转变点。一个稳定的 Pmm2 相出现在 $\eta \leqslant -2.4\%$ 时，与应变 EuTiO$_3$ 薄膜铁电相的 mm2 极性点群一致[18]。如图 4.3(b) 所示，EuTiO$_{2.875}$H$_{0.125}$ 基态在 $\eta = -3\%$ 的空间群为 Pmm2。在大的压应变作用下，氧原子的极化位移向下移动[见图 4.3(a) 中向下的箭头]，而 Ti 原子的极化位移相对于氧八面体中心向上移动[见图 4.3(a) 中向上箭头]，然后一个稳定的铁电结构出现了。EuTiO$_{2.875}$H$_{0.125}$ 的极化行为与应变作用下绝缘铁电铁磁的 EuTiO$_3$[18] 和金属的铁磁铁磁 PbNb$_{0.12}$Ti$_{0.88}$O$_{3-\delta}$ 薄膜相似[6]。可以看出，强极化源于大的压缩应变。此外，铁磁和反铁磁相之间的能量差是先缓慢减小，然后稳定在约 -24.0 meV/f.u.。$\Delta E_{\text{FM-AFM}}$ 在 $\eta = -2.4\%$ 和 $\eta = -2.7\%$ 时分别为 -28.7 meV/f.u. 和 -24.0 meV/f.u.。在 $\eta \leqslant -2.4\%$ 时，铁电相和顺电相的能量差随着压应变的提高明显增加。$\Delta E_{\text{FE-PE}}$ 在 $\eta = -2.7\%$ 和 $\eta = -3.0\%$ 时分别为 -11.6 meV/f.u. 和 -15.1 meV/f.u.，与体材料 BaTiO$_3$[55] 的 18.0 meV/f.u. 相当。小的 $\Delta E_{\text{FE-PE}}$ 意味着铁电态和顺电态之间相转变容易发生以及该系统中具有极化的翻转性。这些结果表明，

$EuTiO_{2.875}H_{0.125}$ 在 $\eta \leqslant -2.4\%$ 时显示出金属的多铁性,不同寻常的金属性、铁电性和铁磁性共存。

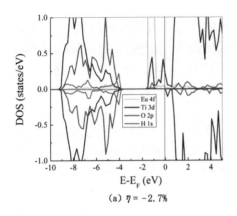 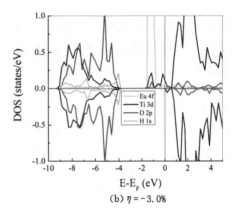

(a) $\eta = -2.7\%$ (b) $\eta = -3.0\%$

图 4.6 应变 $EuTiO_{2.875}H_{0.125}$ 铁电铁磁态的分波态密度

在实验中发现体 $EuTiO_{3-x}H_x$ 中的金属性和铁磁性共存后,Yamamoto 等[23]认为应变 $EuTiO_{3-x}H_x$ 薄膜可能是一种铁磁铁电金属的候选材料。我们的理论计算证明了这一假设。通常认为金属中不存在铁电性,因为导电电子屏蔽了内部静电场。但在发现第一种固态极性金属 $LiOsO_3$ 后,通过实验观察和理论预测了一些其他极性金属[7,9,11,19,54,56]。然而,铁电性、铁磁性和金属性的同时共存非常罕见,尤其在一种材料中。本工作中,在应变 $EuTiO_{3-x}H_x$ 薄膜中实现了金属性、铁电性和铁磁性在单个畴内的共存,这表明应变和掺杂的共同作用是实现 $EuTiO_3$ 基金属铁电铁磁材料的一种有效的机制。这将为获得其他潜在的金属多铁材料提供一种新的方式。铁电金属中可能存在铁磁性这一事实表明,利用磁场翻转这些材料的极化和电子态是可能的,这为应用中的器件设计提供了额外的功能和可控性。

为了进一步理解 H 掺杂和应变的影响,接下来,我们将关注 $EuTiO_{2.75}H_{0.25}$ 薄膜。对于这种材料,40 个原子的超胞中有两个 H 原子,具有多种可能的构型。我们选择有代表性的一种构型,其中第二个 H 原子位于图 4.3 中第一个 H 原子的上方。与 $EuTiO_{2.875}H_{0.125}$ 薄膜类似,当应变 $0 \geqslant \eta > -1.3\%$ 时,薄膜主要表现为金属顺电铁磁性,当 $-1.7\% > \eta \geqslant -1.3\%$ 时,铁电和顺电金属相共存。随着压应变的增加,自旋-晶格耦合增强。在 $\eta \leqslant -2.7\%$ 时,金属的铁电铁磁性出现在系统中,如图 4.5 所示。然而,$EuTiO_{2.75}H_{0.25}$ 与 $EuTiO_{2.875}H_{0.125}$ 有三个不同之处,具体如下:首先,尽管体材料 $EuTiO_{2.75}H_{0.25}$ 中铁磁态($\eta=0$)的总能量低于反铁磁态,但由于 H 含量的增加,体 $EuTiO_{2.75}H_{0.25}$ 中的铁磁态和反铁磁态之间的能量差远大于体 $EuTiO_{2.875}H_{0.125}$ 的。这一结果表明,随着 H 含量的增加,主要的铁磁相互作用增强,这里铁磁相互作用是 H 掺杂引起的 RKKY 机制。其次,$EuTiO_{2.75}H_{0.25}$ 薄膜中明确定义的顺电-铁电相变点 $\eta=-2.7\%$,比 $EuTiO_{2.875}H_{0.125}$ 薄膜的 $\eta=-2.4\%$ 要更低。对比 H 掺杂的 $EuTiO_{3-x}H_x$ 薄膜,更大的 $\eta=-1.1\%$ 转变点的值出现在未掺杂的 $EuTiO_3$ 薄膜中[18],这意味着 H 掺杂对 $EuTiO_{3-x}H_x$ 薄膜的极化有负面影响。最后,尽管 $\eta=-3.0\%$ 时 $EuTiO_{2.75}H_{0.25}$ 薄膜和 $EuTiO_{2.875}H_{0.125}$ 的铁电扭曲几乎相同,但 $EuTiO_{2.75}H_{0.25}$ 薄膜的总能量差 ΔE_{FE-PE} 远小于薄膜 $EuTiO_{2.875}H_{0.125}$ 的,如图 4.4 和图 4.5 所示。从这三个观察结果我们可以得出结论,

在 $EuTiO_{3-x}H_x$ 薄膜中,H 掺杂的主要贡献是诱导金属性出现和增强 RKKY 铁磁相互作用,但不利于极化的稳定性。为了实现金属铁电铁磁多铁性,应变和 H 掺杂的影响必须达到微妙的平衡。

最后,我们讨论 $EuTiO_{3-x}H_x$ 薄膜中金属性、铁电性和铁磁性共存的机制。$EuTiO_3$ 在 5.3 K 或 5.5 K 以下显示 G 型反铁磁[39,40]和量子顺电行为[37]。在实验中报道了 La、Nb、H 和 Cr 掺杂的 $EuTiO_3$[23,57-59]和 c 轴方向生长的应变外延 $EuTiO_3$ 薄膜的铁磁性[60]。此外,利用 1.1% 的双轴拉伸应变,在 $DyScO_3$ 衬底上的外延 $EuTiO_3$ 薄膜中实现了铁电铁磁相。所有这些事实表明,具有强自旋-晶格耦合的 $EuTiO_3$ 是在顺电和铁电态之间以及在反铁磁和铁磁态之间存在多临界平衡。在体材料 $EuTiO_{3-x}H_x$ 中,一个 H 原子为系统提供一个巡游电子,导致 Ti^{3+}($3d^1$)出现。如图 4.1(b) 和图 4.1(c) 所示,穿过费米面的新 Ti 3d 态导致金属性的出现。随着 H 掺杂量的增加,巡游的 Ti 3d 和 Eu 4f 态之间的杂化作用增强。此外,系统的总磁矩显著增加,铁磁和反铁磁态之间的能量差变得更负,表明 H 掺杂导致更稳定的铁磁相,如图 4.2 所示。H 掺杂 $EuTiO_{3-x}H_x$ 中的铁磁性是由 Eu^{2+} 自旋通过 H 掺杂导出的 Ti^{3+}($3d^1$)电子之间的 RKKY 相互作用所引起的。

在压应变作用下,$EuTiO_{3-x}H_x$ 薄膜中出现铁电铁磁相,是由于与未掺杂 $EuTiO_3$[18]类似强的自旋-晶格耦合。在这种系统中,自旋-晶格耦合机制由公式 $\omega^2 = \omega_0^2 - \lambda <S_i \cdot S_j>$[18] 描述,其中 ω 是红外激活声子模式的频率,ω_0 是无自旋-晶格相互作用的裸声子频率,宏观自旋-声子耦合用常数 λ 表示,$<S_i \cdot S_j>$ 是最近邻原子位置之间的自旋-自旋关联函数。压应变的作用增强了晶格-自旋耦合。一个稳定的铁电铁磁相开始出现在 $EuTiO_{2.875}H_{0.125}$ 薄膜 $\eta = -2.4\%$ 时,在 $EuTiO_{2.75}H_{0.25}$ 薄膜 $\eta = -2.7\%$ 时,如图 4.4 和图 4.5 所示。随着压应变的进一步增大,铁电相的极化畸变和稳定性逐渐增大。

与应变作用下未掺杂的 $EuTiO_3$ 薄膜相比,随着 H 掺杂量的增加,顺磁-铁磁相变点的 η 值变得更负。该结果表明,H 掺杂对铁电相的出现和稳定性不利。这可以解释为:在掺 H 的 $EuTiO_{3-x}H_x$ 中有两种 Ti 离子:Ti^{3+}(d^1)和 Ti^{4+}(d^0)。Ti^{3+}(d^1)离子具有巡游电子,并对系统的金属性负责。此外,Ti^{4+}(d^0)离子负责压应变下的铁电性,和未掺杂的 $EuTiO_3$ 薄膜相同,其中所有 Ti 离子均为 Ti^{4+}(d^0)。随着 H 含量的增加,Ti^{3+}(d^1)离子的数量增加,而 Ti^{4+}(d^0)离子的数量减少。因此,随着 H 掺杂量的增加,铁电极化更难发生。

随着压应变的增加,$EuTiO_{2.875}H_{0.125}$ 薄膜在 $\eta \leqslant -2.4$ 时出现金属的铁电铁磁相,$EuTiO_{2.75}H_{0.25}$ 薄膜在 $\eta \leqslant -2.7\%$ 时出现,如图 4.4 和图 4.5 所示。这一结果意味着,在应变的 $EuTiO_{3-x}H_x$ 薄膜中,铁磁性、铁电性和金属性共存。众所周知,应变可以诱导 $EuTiO_3$ 薄膜产生铁磁性和铁电性,而在 $EuTiO_3$ 基材料中,铁电性和金属性可以共存的现象从未被报道过。铁电性通常不被认为存在于金属之中,因为导体电子屏蔽了内部静电场。然而,Anderson 等[1]预测,只要费米能级上的电子不耦合铁畸变,铁电性就可以出现在金属中。例如,$LiOsO_3$,第一种固体铁电金属,保持导电性不变条件下在温度低于 140 K 条件下有铁电结构[2]。Laurita 等[61]提供了 $LiOsO_3$ 中的弱耦合电子机制的实验证据。为了进一步理解 $EuTiO_{3-x}H_x$ 薄膜中金属性和铁电性为什么共存,我们在图 4.6 中给出了 $EuTiO_{2.875}H_{0.125}$ 在 $\eta = -2.7\%$ 和 $\eta = -3.0\%$ 的分波态密度图。与 $EuTiO_{2.875}H_{0.125}$ 体材料相比,$EuTiO_{2.875}H_{0.125}$ 的金属性并没有改变,尽管随着压应变增加 $EuTiO_{2.875}H_{0.125}$ 的费米能级上分波态密度有细微的变化,然而,图 4.4 显示在 $\eta > -2.4\%$ 时,电极化强度 P^* 几乎为 0,并随着压应变的增加而迅速增加。因此，我们可以得出结论，EuTiO$_{3-x}$H$_x$ 薄膜中的金属性和铁电畸变是弱耦合的。所以，金属性能够存在于 EuTiO$_{3-x}$H$_x$ 薄膜的铁电铁磁态。

为了检查 EuTiO$_{3-x}$H$_x$ 薄膜层中加入电场后极化翻转的可能性，我们构建了一个 32 Å 厚的 Eu$_4$Ti$_4$O$_{11}$H/Eu$_4$Zr$_4$O$_{12}$ 超晶格，Eu$_4$Zr$_4$O$_{12}$ 作为绝缘的夹层，类似于 Bi-557/BZO-227[11] 超晶格。图 4.7 给出了 EuTiO$_{2.75}$H$_{0.25}$/EuZrO$_3$ 超晶格的电势和传导电荷密度。

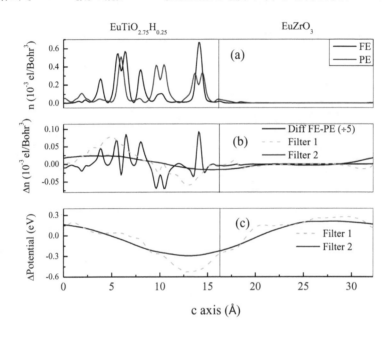

图 4.7　EuTiO$_{2.75}$H$_{0.25}$/EuZrO$_3$ 超晶格的电势和传导电荷密度

导电载流子应该屏蔽了外加电场，保持顺电畸变不受影响。图 4.7 中构造了一个超晶格，Eu$_4$Ti$_4$O$_{11}$H 有一个铁电结构，以 Eu$_4$Ti$_4$O$_{11}$H 为顺电结构的超晶格作为参考。一个大的去极化场 E_{dep} 接近 500 MV/m=0.5 GV/m，这个值是通过 Eu$_4$Ti$_4$O$_{11}$H 中心区域的势场的斜率来估计的[见图 4.7(c)]。可是，屏蔽过程有移动电荷主导，移动电荷不能完全被极化导致的电场所屏蔽。如图 4.7(a) 和图 4.7(b) 所示，铁电和顺电导电电子密度清晰地表明存在电荷不平衡和极化产生的场对抗。负电荷和正电荷分别在右边（Eu$_4$Ti$_4$O$_{11}$H/Eu$_4$Zr$_4$O$_{12}$）和左边（Eu$_4$Zr$_4$O$_{12}$/Eu$_4$Ti$_4$O$_{11}$H）的界面累积。考虑如图 4.7 所示情况，极化指向层的右边。层不能完全屏蔽极化导致的电场，所以有一个从右向左的非极化场和极化对抗。这个不完全屏蔽意味着该层实际上是一种具有有限低频、低波矢介电函数的介电介质。因此，很自然地得出结论：对于 Eu$_4$Ti$_4$O$_{11}$H 层，极化会产生翻转。

图 4.8 给出了根据杂化的密度泛函理论计算获得的应变 EuTiO$_{2.875}$H$_{0.125}$ 的优化的晶结构和 Ti2、Ti5 的 3d 态。表 4.2 给出了 EuTiO$_{3-x}$H$_x$（$x=0, 0.125; \eta=0, -2.4\%, -3\%$）的原子磁矩。绝缘体材料 EuTiO$_3$ 的 Ti 磁矩为 0 μ_B。因为 EuTiO$_3$ 所有 Ti 离子都是 Ti^{4+}（d^0）。对于 H 掺杂的 EuTiO$_3$，Ti 离子的磁矩和金属性同时产生，意味着 H 掺杂导致铁磁 EuTiO$_{2.875}$H$_{0.125}$ 中 Ti^{3+}（d^1）出现。当 $\eta=0$ 时，没有铁电极化在 EuTiO$_{2.875}$H$_{0.125}$ 中出现，尽管 H 附近的 Ti2 和 Ti3 的原子磁矩比其他 Ti 原子的稍大。随着压应变增加，情况发生了

改变,对于 $\eta=-2.4\%$, Ti2 和 Ti3 的磁矩远大于其他的 Ti 原子磁矩,弱的极化开始出现(见图 4.4)。当 $\eta=-3.0\%$ 时, Ti1~Ti4 的原子磁矩远大于 H 原子平面内的 Ti5~Ti8 原子磁矩。根据图 4.8(b) 的 Ti2 和 Ti5 的分波态密度图, Ti2 表现出了金属行为,而 Ti5 表现出绝缘性。我们的计算结果显示 T1, Ti2, Ti4 是金属的,而 T6, T7, Ti8 是绝缘的。这意味着 Ti1~Ti4 离子是 Ti^{3+},而 Ti5~Ti8 是 Ti^{4+}。Ti^{3+} 和 Ti^{4+} 共存于应变 $EuTiO_{2.875}H_{0.125}$ 薄膜在 $\eta=-3\%$ 时。所以,H 掺杂导致金属的 Ti^{3+} 离子出现,而压应变导致绝缘的 Ti^{4+} 离子出现。电子掺杂对于金属的铁磁性是有益的,而增加的应变对极化相极化扭曲是有益的。

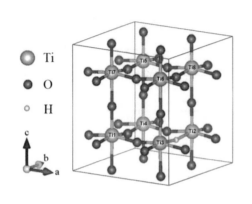 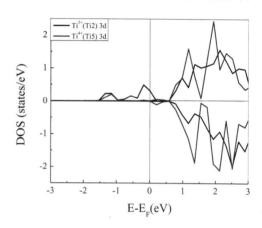

图 4.8 根据杂化的密度泛函理论计算得到的应变 $EuTiO_{2.875}H_{0.125}$ 的优化的晶体结构和 Ti2、Ti5 的 3d 态

表 4.2 $EuTiO_{3-x}H_x$ 的 Ti 原子磁矩

x	$\eta/\%$	Ti 原子磁矩/μ_B							
		Ti1	Ti2	Ti3	Ti4	Ti5	Ti6	Ti7	Ti8
0	0	0	0	0	0	0	0	0	0
0.125	0	0.096	0.159	0.159	0.096	0.098	0.096	0.098	0.096
0.125	−2.4	0.121	0.465	0.465	0.121	0.121	0.174	0.121	0.174
0.125	−3	0.235	0.396	0.397	0.235	0.073	0.073	0.073	0.073

4.4 结论

通过杂化密度泛函理论计算研究了体和应变 $EuTiO_{3-x}H_x$ 的结构、电磁和极化性质。未受应变作用的体材料 $EuTiO_{3-x}H_x$ 在 $x=0$ 时表现出绝缘反铁磁性,在 $x=0.125$、0.25 时表现出金属铁磁性,这与实验结果一致。由巡游的 Ti 3d 电子作媒介的 Eu^{2+} 离子之间的 RKKY 相互作用是 $EuTiO_{3-x}H_x$ 中铁磁性产生的原因。应变 $EuTiO_{3-x}H_x$ 薄膜在 $0 \leqslant \eta \leqslant -3\%$ 范围内表现出顺电铁磁性,一个金属的铁电铁磁相出现在 $EuTiO_{2.875}H_{0.125}$ 的 $\eta \leqslant -2.4\%$ 时,一个金属的铁电铁磁相出现在 $EuTiO_{2.75}H_{0.25}$ 薄膜中的 $\eta \leqslant -2.7\%$ 范围内。我们讨论了 $EuTiO_{3-x}H_x$ 薄膜中金属性、铁电性和铁磁性的共存机制。理论研究结果表明,应

变和掺杂的共同作用是实现 $EuTiO_3$ 基金属多铁性材料的一种有效的方法，它将为获得其他潜在的金属多铁性材料提供一条新的途径。

参考文献

[1] ANDERSON P W, BLOUNT E I. Symmetry considerations on martensitic transformations:"ferroelectric" metals? [J]. Physical review letters,1965,14(7): 217-219.

[2] SHI Y G,GUO Y F,WANG X,et al. A ferroelectric-like structural transition in a metal[J]. Nature materials,2013,12(11):1024-1027.

[3] SHARMA P,XIANG F X,SHAO D F,et al. A room-temperature ferroelectric semimetal[J]. Science advances,2019,5(7):eaax5080.

[4] RISCHAU C W, LIN X, GRAMS C P, et al. A ferroelectric quantum phase transition inside the superconducting dome of $Sr_{1-x}Ca_xTiO_{3-\delta}$[J]. Nature physics, 2017,13(7):643-648.

[5] FEI Z Y,ZHAO W J,PALOMAKI T A,et al. Ferroelectric switching of a two-dimensional metal[J]. Nature,2018,560(7718):336-339.

[6] YAO H B,WANG J S,JIN K J,et al. Multiferroic metal-$PbNb_{0.12}Ti_{0.88}O_{3-\delta}$ films on Nb-doped STO[J]. ACS applied electronic materials,2019,1(10):2109-2115.

[7] KIM T H,PUGGIONI D,YUAN Y,et al. Polar metals by geometric design[J]. Nature,2016,533(7601):68-72.

[8] MENG M,WANG Z,FATHIMA A,et al. Interface-induced magnetic polar metal phase in complex oxides[J]. Nature communications,2019,10:5248.

[9] CAO Y, WANG Z, PARK S Y, et al. Artificial two-dimensional polar metal at room temperature[J]. Nature communications,2018,9(1):1547.

[10] LU J L,CHEN G,LUO W,et al. Ferroelectricity with asymmetric hysteresis in metallic $LiOsO_3$ ultrathin films [J]. Physical review letters, 2019, 122(22):227601.

[11] FILIPPETTI A, FIORENTINI V, RICCI F, et al. Prediction of a native ferroelectric metal[J]. Nature communications,2016,7:11211.

[12] PADMANABHAN H, PARK Y, PUGGIONI D, et al. Linear and nonlinear optical probe of the ferroelectric-like phase transition in a polar metal, $LiOsO_3$ [J]. Applied physics letters,2018,113(12):122906.

[13] PUGGIONI D, GIOVANNETTI G, RONDINELLI J M. Polar metals as electrodes to suppress the critical-thickness limit in ferroelectric nanocapacitors [J]. Journal of applied physics,2018,124(17):174102.

[14] TOKURA Y,NAGAOSA N. Nonreciprocal responses from non-centrosymmetric quantum materials[J]. Nature communications,2018,9:3740.

[15] EERENSTEIN W, MATHUR N D, SCOTT J F. Multiferroic and

magnetoelectric materials[J]. Nature,2006,442(7104):759-765.

[16] RAMESH R,SPALDIN N A. Multiferroics:progress and prospects in thin films [J]. Nature materials,2007,6(1):21-29.

[17] MANDAL P, PITCHER M J, ALARIA J, et al. Designing switchable polarization and magnetization at room temperature in an oxide[J]. Nature, 2015,525(7569):363-366.

[18] LEE J H, FANG L, VLAHOS E, et al. A strong ferroelectric ferromagnet created by means of spin-lattice coupling[J]. Nature,2011,476(7358):114.

[19] SHIMADA T,XU T,ARAKI Y,et al. Unusual metallic multiferroic transitions in electron-doped $PbTiO_3$ [J]. Advanced electronic materials, 2017, 3(8):1700134.

[20] HAENI J H,IRVIN P,CHANG W, et al. Room-temperature ferroelectricity in strained $SrTiO_3$[J]. Nature,2004,430(7001):758-761.

[21] LEE J H,RABE K M. Epitaxial-strain-induced multiferroicity in $SrMnO_3$ from first principles[J]. Physical review letters,2010,104(20):207204.

[22] GICH M,FINA I,MORELLI A,et al. Multiferroic iron oxide thin films at room temperature[J]. Advanced materials,2014,26(27):4645-4652.

[23] YAMAMOTO T,YOSHII R,BOUILLY G,et al. An antiferro-to-ferromagnetic transition in $EuTiO_{3-x}H_x$ induced by hydride substitution [J]. Inorganic chemistry,2015,54(4):1501-1507.

[24] BUSSMANNVHOLDER A, ROLEDER K, STUHLHOFER B, et al. Transparent $EuTiO_3$ films:a possible two-dimensional magneto-optical device [J]. Scientific reports,2017,7:40621.

[25] MIDYA A, MANDAL P, RUBI K, et al. Large adiabatic temperature and magnetic entropy changes in $EuTiO_3$[J]. Physical review B,2016,93(9):094422.

[26] RUBI K,KUMAR P,MAHESWAR REPAKA D V,et al. Giant magnetocaloric effect in magnetoelectric $Eu_{1-x}Ba_xTiO_3$[J]. Applied physics letters, 2014, 104(3):032407.

[27] ROY S,KHAN N,MANDAL P. Giant low-field magnetocaloric effect in single-crystalline $EuTi_{0.85}Nb_{0.15}O_3$[J]. APL materials,2016,4(2):026102.

[28] FENNIE C J, RABE K M. Magnetic and electric phase control in epitaxial $EuTiO_3$ from first principles[J]. Physical review letters,2006,97(26):267602.

[29] TAKAHASHI K S, ONODA M, KAWASAKI M, et al. Control of the anomalous Hall effect by doping in $Eu_{1-x}La_xTiO_3$ Thin films[J]. Physical review letters,2009,103(5):057204.

[30] LI L,ZHOU H D,YAN J Q,et al. Research update:magnetic phase diagram of $EuTi_{1-x}B_xO_3$ (B=Zr,Nb)[J]. APL materials,2014,2(11):110701.

[31] MO Z J, SUN Q L, HAN S, et al. Effects of Mn-doping on the giant magnetocaloric effect of $EuTiO_3$ compound [J]. Journal of magnetism and

magnetic materials,2018,456:31-37.

[32] MO Z J,SUN Q L,SHEN J,et al. A giant magnetocaloric effect in $EuTi_{0.875}Mn_{0.125}O_3$ compound[J]. Journal of alloys and compounds,2018,753:1-5.

[33] TAKAHASHI K S,ISHIZUKA H,MURATA T,et al. Anomalous Hall effect derived from multiple Weyl nodes in high-mobility $EuTiO_3$ films[J]. Science advances,2018,4(7):eaar7880.

[34] STORNAIUOLO D,CANTONI C,DE LUCA G M,et al. Tunable spin polarization and superconductivity in engineered oxide interfaces[J]. Nature materials,2016,15(3):278-283.

[35] GUI Z G,JANOTTI A. Carrier-density-induced ferromagnetism in $EuTiO_3$ bulk and heterostructures[J]. Physical review letters,2019,123(12):127201.

[36] BESSAS D,RUSHCHANSKII K Z,KACHLIK M,et al. Lattice instabilities in bulk $EuTiO_3$[J]. Physical review B,2013,88(14):144308.

[37] KATSUFUJI T,TAKAGI H. Coupling between magnetism and dielectric properties in quantum paraelectric $EuTiO_3$ [J]. Physical review B,2001,64(5):054415.

[38] YANG Y R,REN W,WANG D W,et al. Understanding and revisiting properties of $EuTiO_3$ Bulk material and films from first principles[J]. Physical review letters,2012,109(26):267602.

[39] MCGUIRE T R,SHAFER M W,JOENK R J,et al. Magnetic structure of $EuTiO_3$[J]. Journal of applied physics,1966,37(3):981-982.

[40] LEE J H,KE X,PODRAZA N J,et al. Optical band gap and magnetic properties of unstrained $EuTiO_3$ films[J]. Applied physics letters,2009,94(21):212509.

[41] AKAMATSU H,KUMAGAI Y,OBA F,et al. Antiferromagnetic superexchange via 3d states of titanium in $EuTiO_3$ as seen from hybrid Hartree-Fock density functional calculations[J]. Physical review B,2011,83(21):214421.

[42] ADAMO C,BARONE V. Toward reliable density functional methods without adjustable parameters: the PBE0 model[J]. The journal of chemical physics,1999,110(13):6158-6170.

[43] PERDEW J P,ERNZERHOF M,BURKE K. Rationale for mixing exact exchange with density functional approximations[J]. The journal of chemical physics,1996,105(22):9982-9985.

[44] KRESSE G,FURTHMÜLLER J. Efficient iterative schemes for ab initio total-energy calculations using a plane-wave basis set[J]. Physical review B,condensed matter,1996,54(16):11169-11186

[45] XU S,GU Y N,WU X S. Structural,electronic and magnetic properties of a ferromagnetic metal:Nb-doped $EuTiO_3$[J]. Journal of magnetism and magnetic materials,2020,497:166077.

[46] XU S,SHEN X,HALLMAN K A,et al. Unified band-theoretic description of

structural, electronic, and magnetic properties of vanadium dioxide phases[J]. Physical review B, 2017, 95(12):125105.

[47] AKAMATSU H, FUJITA K, HAYASHI H, et al. Crystal and electronic structure and magnetic properties of divalent europium perovskite oxides $EuMO_3$ (M=Ti, Zr, and Hf): experimental and first-principles approaches[J]. Inorganic chemistry, 2012, 51(8):4560-4567.

[48] KRESSE G, JOUBERT D. From ultrasoft pseudopotentials to the projector augmented-wave method[J]. Physical review B, 1999, 59(3):1758-1775.

[49] MONKHORST H J, PACK J D. Special points for Brillouin-zone integrations [J]. Physical review B, 1976, 13(12):5188-5192.

[50] WOLLAN E O, KOEHLER W C. Neutron diffraction study of the magnetic properties of the series of perovskite-type compounds $[(1-x)La, xCa]MnO_3$ [J]. Physical review, 1955, 100(2):545-563.

[51] GU Y, XU S, WU X. Gd-doping-induced insulator-metal transition in $SrTiO_3$ [J]. Solid state communications, 2017, 250:1-4.

[52] AKAHOSHI D, KOSHIKAWA S, NAGASE T, et al. Magnetic phase diagram for the mixed-valence Eu oxide $EuTi_{1-x}Al_xO_3 (0 \leqslant x \leqslant 1)$[J]. Physical review B, 2017, 96(18):184419.

[53] CUFFINI S L, MACAGNO V A, CARBONIO R E, er al. Crystallographic, magnetic, and electrical properties of $SrTi_{1-x}Ru_xO_3$ perovskite solid solutions [J]. Journal of solid state chemistry, 1993, 105(1), 161-170.

[54] MA C, JIN K J, GE C, et al. Strain-engineering stabilization of $BaTiO_3$-based polar metals[J]. Physical review B, 2018, 97(11):115103.

[55] COHEN R E. Origin of ferroelectricity in perovskite oxides[J]. Nature, 1992, 358 (6382):136-138.

[56] PUGGIONI D, RONDINELLI J M. Designing a robustly metallic noncenstrosymmetric ruthenate oxide with large thermopower anisotropy[J]. Nature communications, 2014, 5:3432.

[57] ROY S, KHAN N, MANDAL P. Unconventional transport properties of the itinerant ferromagnet $EuTi_{1-x}Nb_xO_3 (x=0.10\sim0.20)$[J]. Physical review B, 2018, 98(13):134428.

[58] WEI T, SONG Q G, ZHOU Q J, et al. Cr-doping induced ferromagnetic behavior in antiferromagnetic $EuTiO_3$ nanoparticles[J]. Applied surface science, 2011, 258 (1):599-603.

[59] RUBI K, MIDYA A, MAHENDIRAN R, et al. Magnetocaloric properties of $Eu_{1-x}La_xTiO_3 (0.01 \leqslant x \leqslant 0.2)$ for cryogenic magnetic cooling[J]. Journal of applied physics, 2016, 119(24):243901.

[60] FUJITA K, WAKASUGI N, MURAI S, et al. High-quality antiferromagnetic $EuTiO_3$ epitaxial thin films on $SrTiO_3$ prepared by pulsed laser deposition and

postannealing[J]. Applied physics letters,2009,94(6):062512.

[61] LAURITA N J,RON A,SHAN J Y,et al. Evidence for the weakly coupled electron mechanism in an Anderson-Blount polar metal [J]. Nature communications,2019,10:3217.

第 5 章　Gd 掺杂 $SrTiO_3$ 的结构和电磁性质

本章对 $Sr_{1-x}Gd_xTiO_3$ 的结构和电磁性质进行第一性原理密度函数理论研究。自旋极化计算得出 $x=0$ 时系统为抗磁绝缘体，$0.125 \leqslant x \leqslant 0.5$ 时是铁磁性金属，$x=1$ 时是铁磁绝缘体。所有 Ti 离子磁矩与 Gd 离子磁矩反平行。磁性 Gd 掺杂会扭曲 $Sr_{1-x}Gd_xTiO_3$ 薄膜的结构并产生铁磁性。掺杂电子占据导带的底部，从而发生绝缘体-金属转变。这些计算结果与现有的实验结果一致。

5.1　引言

$SrTiO_3$ 是具有 3.22 eV 带隙的带绝缘体[1]，被广泛用于热电器件[2]、存储器件[3]和压电器件[4]等电子器件。由于它表现出许多有趣的物理现象，如铁磁性[5]、超导电性[6]、结构相变[7]、二维电子气[8-9]等，而引起了人们的广泛关注。

掺杂或氧空位等缺陷可以调控 $SrTiO_3$ 的电磁性质[10-18]。Liu 等[12]报道了 Nb 掺杂 $SrTiO_3$ 的室温铁磁性，磁矩和温度关系类似于载流子密度和温度的关系，这表明磁性与自由载流子密切相关。通过在空气中退火（使样品以抗磁性为主）和随后的真空处理可以消除铁磁性。研究结果表明，铁磁性是氧空位引入的载流子导致的。采用密度泛函理论的第一性原理计算，Ghosh 等[13]研究了缺氧 $SrTiO_3$ 的结构和电磁性质。研究结果表明，占据的 Ti 3d 轨道周期排列意味着氧空位产生了铁磁性和准二维电子气。表面成分、氧空位有序和八面体畸变导致了自旋极化的 t_{2g} 分散的子带，它们在布里渊区中心附近的能量劈裂产生了具有自旋磁矩关联的能带。室温铁磁性（居里转变温度大约为 650 K）可以通过 Fe 掺杂 $Sr_{0.98}Ti_{0.9}Fe_{0.1}O_{3-\delta}$ 和 $Sr_{0.98}Ti_{0.92}Fe_{0.1}O_{3-\delta}$ 陶瓷材料来实现。研究表明[14]，组分的调节可以改变 Fe 离子的替代位置，反过来调整系统的磁性。ABO_3 钙钛矿氧化物中，Fe 离子在 A 和 B 位的不平衡替代导致铁磁性的出现可能和混合的铁离子价态有关[14]。Ishikawa 等[15]报道了在 $Sr_{1-x}Mn_xTiO_3$ 中出现了室温铁磁位错，讨论位错中铁磁性的起源：Mn^{2+} 离子的电子高自旋态和施主电子之间的反铁磁耦合导致长程序的 Mn-Mn 铁磁交换相互作用。在 Gd 掺杂的 $SrTiO_3$ 和 Sr 掺杂的 $GdTiO_3$ 中也发现了绝缘体-金属转变，并且观察到了铁磁性金属相[18]。对于 Gd 掺杂 $SrTiO_3$ 中亚铁磁相出现的原因，Moetakef 等[18]简单地猜测有两种可能：一种可能是铁磁性应变导致的，另一种可能是铁磁金属相和顺磁金属相共存导致的。铁磁性产生的真正原因没有定论。掺杂导致 $SrTiO_3$ 电磁性质发生转变，从而使 $SrTiO_3$ 具有广阔的应用前景，比如在存储器件等方面的应用。因此，从理论上理解掺杂 $SrTiO_3$ 中各种电磁性质转变特性是非常有必要的。

为了理解 Gd 掺杂的 $SrTiO_3$ 薄膜实验中观察到的绝缘体-金属转变现象和铁磁性的出现[18]，基于密度函数理论（DFT）的广义梯度近似加上 U（GGA+U）方法对 $Sr_{1-x}Gd_xTiO_3$ 的结构、电性和磁性进行了第一性原理计算，当前的理论结果与现有实验现象相符。本研究很好地解释了 $Sr_{1-x}Gd_xTiO_3$ 中绝缘体-金属转变的现象，并且揭示了铁磁性的起源。

5.2 计算方法

基于 Ab-initio 模拟软件包(VASP)计算的 PAW[19]电位,进行 $Sr_{1-x}Gd_xTiO_3$($x=0$,0.125,0.25,0.5 和 1)的第一性原理计算[20]。因为电子相互作用错误,LDA 和 GGA 总是低估过渡金属氧化物的带宽,甚至把绝缘体算成金属,把高自旋态结构的磁性金属算成低自旋结构,从而导致不能正确描述过渡金属氧化物。采用 GGA+U 方法把强关联体系中局域电子的强关联效应考虑进来可以改善对过渡金属氧化物的物理性质的描述。本研究采用了 GGA+U 方法进行计算。对于交换相关函数,使用 GGA+U 与 PBE 方案。所有计算均以 Hubbard $U=5$ 和 $J=0.64$ 的 Stoner 交换参数应用于 Ti 原子的 d 轨道近似进行[21]。首先,$SrTiO_3$ 和 $GdTiO_3$ 完全弛豫。使用尺寸为 $2\times2\times2$ 的 40 个原子的 $SrTiO_3$ 超晶胞和 20 个原子的 $GdTiO_3$ 晶胞进行计算。接下来,对 $Sr_{1-x}Gd_xTiO_3$($0.125 \leqslant x \leqslant 0.5$)薄膜完全优化。$SrTiO_3$ 超晶胞中 Sr 原子少量被 Gd 原子取代以计算 $Sr_{1-x}Gd_xTiO_3$ 薄膜。为了再现实验结果[18],ab 平面中的参数固定为 7.810 Å(即 $SrTiO_3$ 衬底的实验晶格参数的 2 倍)[22]。在 $Sr_{1-x}Gd_xTiO_3$($0<x\leqslant0.5$)薄膜中,沿 c 轴和所有原子位置的晶格参数完全优化。电子的平面波截断能量为 400 eV。使用 M 为中心的 $5\times5\times5$ k 点进行 $Sr_{1-x}Gd_xTiO_3$($0\leqslant x\leqslant 0.5$)的计算,使用 M 点为中心的 $8\times8\times6$ k 点进行 $GdTiO_3$ 的计算。赝势中以 6 个电子($2s^22p^4$)、10 个电子($4s^24p^65d^2$)、4 个电子($3d^34s^1$)和 18 个电子($4d^75s^25p^65d^16s^2$)分别作为 O、Sr、Ti 和 Gd 原子的价电子。在连续迭代之间,电子自洽计算收敛于两个连续的电子步为 10^5 eV,结构弛豫计算 Hellman-Feynman 力收敛到小于 10^2 eV/Å。

5.3 结果与讨论

5.3.1 SrTiO₃ 和 GdTiO₃

首先,优化了体 $SrTiO_3$ 和 $GdTiO_3$ 的结构。$SrTiO_3$ 是一个典型的立方结构,空间群为 Pm-3m[22]。如图 5.1(a)所示为一个晶胞的晶体结构图,其原子位置坐标分别为 Sr(0,0,0)、Ti(0.500 0,0.500 0,0.500 0)、O(0,0.500 0,0.500 0),八面体 TiO_6 具有立方结构,其中 Ti 原子在八面体中心,O 原子是八面体的顶点。而 $GdTiO_3$ 是已经高度扭曲的钙钛矿正交结构,空间群为 Pbnm[23],如图 5.1(b)所示,原子坐标分别为 Gd(0.981 0,0.069 6,0.250 0)、Ti(0,0.500 0,0),O1(0.109 5,0.466 8,0.250 0),O2(0.694 2,0.306 3,0.054 1)。实验和理论的晶格参数 a、b、c,磁基态和带隙分别列在表 5.1 中。实验中 $SrTiO_3$ 晶格参数 $a=3.905$ Å[22],$GdTiO_3$ 的晶格参数 $a=5.403$ Å,$b=5.701$ Å,$c=7.674$ Å[23]。计算得到 $SrTiO_3$ 的晶格参数为 $a=3.945$ Å,$GdTiO_3$ 的晶格参数 $a=5.437$ Å,$b=5.782$ Å,$c=7.737$ Å,和文献中报道的实验值基本一致[22-23]。$SrTiO_3$ 和 $GdTiO_3$ 的基态分别为非磁绝缘体和铁磁性绝缘体,这一结果也与实验结果一致[1,24-26]。$SrTiO_3$ 优化前设置的反铁磁态和铁磁态在优化后都收敛于非磁态。表 5.2 给出了 $SrTiO_3$ 和 $GdTiO_3$ 的 A 型反铁磁(A-AFM)、G 型反铁磁(G-AFM)、C 型反铁磁(C-AFM)、铁磁(FM)和非磁态(NM)相对于能量最低磁基态分子式单元的总能量差。根据表 5.2,$GdTiO_3$ 的 A 型、G 型和 C 型反铁磁结构的总能量比亚铁磁的高,每个分子式单元分别高出 0.05 eV,0.81 eV 和 0.82 eV,非磁收敛于铁磁结构。铁磁 GdTiO$_3$ 收敛于亚铁磁态,所有 Ti 离子磁矩与 Gd 离子的磁矩反平行排列。如表 5.3 所示,GdTiO$_3$ 中的 Ti 原子磁矩为 -0.958 μ_B/原子和 Gd 原子磁矩为 6.897 μ_B/原子。

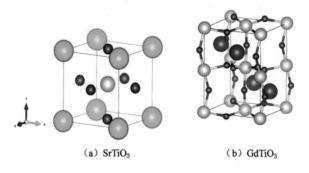

(a) SrTiO$_3$　　　　　(b) GdTiO$_3$

图 5.1　晶体结构图

表 5.1　SrTiO$_3$ 和 GdTiO$_3$ 的晶格参数、带隙、磁基态

	SrTiO$_3$		GdTiO$_3$	
	实验	本工作	实验	本工作
a/Å	3.905[22]	3.945	5.403[23]	5.437
b/Å	3.905	3.945	5.701	5.782
c/Å	3.905	3.945	7.674	7.737
带隙	3.22[1]	2.35	>0[24]	1.90
磁基态	非磁性[25]	非磁性	铁磁[26]	铁磁

表 5.2　SrTiO$_3$ 和 GdTiO$_3$ 的 A 型反铁磁(A-AFM)、G 型反铁磁(G-AFM)、C 型反铁磁(C-AFM)、铁磁(FM) 和非磁态(NM)相对于能量最低的磁结构每个分子式单元的总能量　　单位:eV/f.u.

	A-AFM	G-AFM	C-AFM	FM	NM
SrTiO$_3$	收敛于 NM	收敛于 NM	收敛于 NM	收敛于 NM	0
GrTiO$_3$	0.05	0.81	0.82	0	收敛于 FM

　　实验中 GdTiO$_3$ 在室温下是亚铁磁绝缘体[25-26],与目前的 DOS 计算结果一致。图 5.2 给出了 GdTiO$_3$ 的 TDOS、PDOS 和带结构图。如图 5.2 所示,GdTiO$_3$ 的价带主要是由 Ti 3d 轨道和 O 2p 轨道组成,导带主要由 Ti 3d 和 Gd 4f 轨道构成,1.90 eV 的带隙在 Γ 点处的价带和导带之间打开,符合实验和理论结果[27]。Ti 3d 态和 O 2p 态间有明显的杂化现象。

　　SrTiO$_3$ 在室温下被称为非磁绝缘体[1,24],与目前的 DOS 计算一致。计算 SrTiO$_3$ 的总态密度(TDOS)和分波态密度(PDOS)如图 5.3(a)所示,这与先前的理论结果相似[28-29]。从图中可以看出态密度分成明显的两组。SrTiO$_3$ 的完全占据态主要由 Ti 3d 和 O 2p 轨道主导,而空带则主要由 Ti 3d 轨道主导。图 5.3(b)带结构图给出 Γ 点的带隙为 2.35 eV,大于先前的理论值[28-29],小于实验值 3.22 eV[1]。如图 5.4 所示,价带顶主要由 O 2p 的 π 键构成,导带底由 Ti 3d 的 δ 键构成。

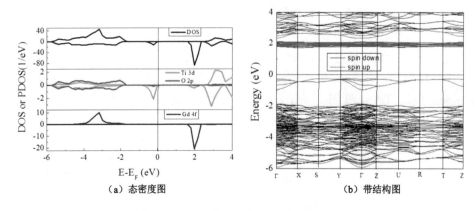

图 5.2　GdTiO$_3$ 的态密度图和带结构图

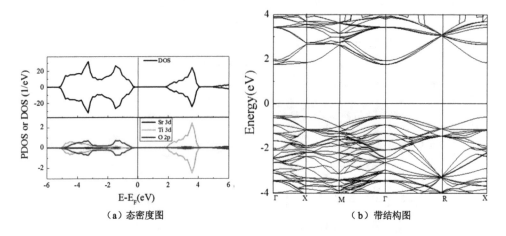

图 5.3　SrTiO$_3$ 的态密度图和带结构图

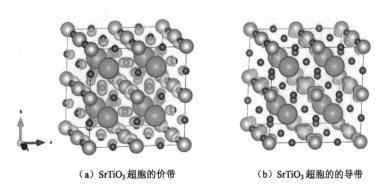

（a）SrTiO$_3$ 超胞的价带　　　　　　（b）SrTiO$_3$ 超胞的的导带

图 5.4　带分解电荷密度

5.3.2　Sr$_{1-x}$Gd$_x$TiO$_3$ 的晶体结构和磁性能

目前的计算结果表明，Sr$_{1-x}$Gd$_x$TiO$_3$（$x=0.125,0.25,0.5$）薄膜的基态是亚铁磁性的，Ti 离子磁矩始终与 Gd 离子的磁矩反平行。为了再现实验结果[18]，ab 平面内的参数固定为

7.810 Å(SrTiO₃衬底实验晶格参数的 2 倍)。然后沿 c 轴的晶格参数和所有原子位置都被完全优化。$Sr_{1-x}Gd_xTiO_3$ 薄膜($x=0.125,0.25,0.5$)基态的所有优化结构如图 5.5 所示。3 种不同类型[28]的结构被建模为 $Sr_{0.75}Gd_{0.25}TiO_3$[见图 5.5(c)],$Sr_{0.75}Gd_{0.25}TiO_3$ 中(Sr1,Sr8)、(Sr5,Sr8)和(Sr7,Sr8)位置处的两个 Sr 原子分别被两个 Gd 原子代替。5 种结构被建模为 $Sr_{0.5}Gd_{0.5}TiO_3$[见图 5.5(d)]。$Sr_{0.5}Gd_{0.5}TiO_3$ 中(Sr1,Sr2,Sr3,Sr8)、(Sr1,Sr2,Sr4,Sr6)、(Sr1,Sr2,Sr4,Sr8)、(Sr1,Sr2,Sr7,Sr8)和(Sr3,Sr5,Sr6,Sr8)位置处的 4 个 Sr 原子分别被 4 个 Gd 原子代替。针对 $Sr_{1-x}Gd_xTiO_3$ 薄膜($x=0.125,0.25,0.5$)的各种结构,计算了铁磁、非磁和各种反铁磁结构[30],发现铁磁态能量是最低的,即基态是铁磁性的,而且铁磁结构收敛于亚铁磁结构。$Sr_{0.75}Gd_{0.25}TiO_3$ 和 $Sr_{0.5}Gd_{0.5}TiO_3$ 薄膜中所有类型结构中的亚铁磁态中,图 5.5(c)所示结构中亚铁磁态总能量在 $x=0.25$ 时是最低的,图 5.5(d)所示的结构中亚铁磁态总能量在 $x=0.5$ 时是最低的。如图 5.5 所示,随着 Gd 浓度增大,Ti—O 键长略微增大,Ti—O 键长从 $x=0$ 时的 1.972 Å 增大到 $x=0.5$ 的 2.025 Å;Ti—O—Ti 键角减小,从 $x=0$ 时的 180°到 $x=0.5$ 时的 173.7°,结构变形。在 $x=0$、0.125、0.25 和 0.5 时空间群分别为 Pm-3m、Amm2、P4/mmm 和 Pmmm,它们是通过 FINDSYM 软件确定的。显然,$Sr_{1-x}Gd_xTiO_3$ 薄膜的结构由于 Gd 的掺杂而改变。进一步实验测量可以验证当前计算的 $Sr_{1-x}Gd_xTiO_3$ 结构。

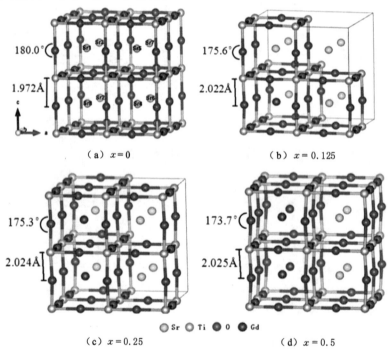

图 5.5 体 SrTiO₃ 和 $Sr_{1-x}Gd_xTiO_3$ 薄膜($0 \leq x \leq 0.5$)的优化结构

基态的 Ti 和 Gd 原子磁矩列在表 5.3 中。O 和 Sr 没有原子磁矩,所以表中未列出。根据表 5.3,$Sr_{1-x}Gd_xTiO_3$ 薄膜显示出清晰的亚铁磁特性,因为 Ti 的负反铁磁矩与 Gd 的正磁矩是反平行的。在 $x=0$、0.125、0.25、0.5 时,$Sr_{1-x}Gd_xTiO_3$ 的总磁矩分别为 0 μ_B、6.513 μ_B、11.608 μ_B、23.482 μ_B,单位分子式单元磁矩分别为 0、0.814 μ_B/f.m.、1.451 μ_B/f.m.、

2.935 μ_B/f.m.，$Sr_{1-x}Gd_xTiO_3$ 的磁矩随着 x 增大单调增加。实验中，当 x 降低时，铁磁性在 $Sr_{1-x}Gd_xTiO_3$($x>0.5$) 薄膜中单调减少[18]。实验中铁磁性的变化趋势与目前计算中总磁矩的变化趋势一致。$Sr_{0.44}Gd_{0.56}TiO_3$ 薄膜的实验结果表明，低于 30 K 表现出清晰的铁磁性能，与当前的理论结果一致。根据当前的计算结果，在 $x=0.125$ 时，磁性 Gd 掺杂导致系统从非磁性转变为亚铁磁性。对于 Gd 掺杂 $SrTiO_3$ 中亚铁磁相出现的原因，Moetakef 等[18]认为有两种可能：一种可能为铁磁性是由应变所导致的，另外一种可能是铁磁金属相和顺磁金属相共存导致的。当前的计算结果，可以很好地证实 $Sr_{1-x}Gd_xTiO_3$ 中的铁磁性来自 Gd 掺杂导致的铁磁金属相。

表 5.3 体 $SrTiO_3$ 和 $Sr_{1-x}Gd_xTiO_3$ 薄膜基态的原子位置磁矩

x	原子位置	磁矩/μ_B
0	Ti	0
0.125	Ti	−0.036
	Gd	6.801
0.25	Ti	−0.246
	Gd	6.758
0.5	Ti	−0.446
	Gd	6.747
1	Ti	−0.958
	Gd	6.897

图 5.6 给出了 $Sr_{1-x}Gd_xTiO_3$ 的氧八面体转角、非磁与铁磁能量差、晶胞磁矩对比图。从图中可以看出，对于 $SrTiO_3$，氧八面体没有倾斜，即 $\theta=0$。体系掺入 Gd 以后，氧八面体沿 c 轴方向倾斜，并且随着 x 增大倾角增大，对称性降低。$SrTiO_3$ 的空间群是 Pm-3m，$x=0.125$、0.25、0.5 的空间群分别为 Amm2、P4/mmm、Pmmm。氧八面体倾斜带来的直接结果是非磁相和铁磁相的相对稳定性发生变化。在 $x=0$ 时，基态是非磁相，铁磁结构收敛于非磁结构，没有稳定的铁磁相。但当掺入 Gd 以后，铁磁相的能量明显比非磁相能量低，并且随着 Gd 掺杂量增加能量差增大。这说明随着 Gd 掺杂量增加，铁磁相越来越稳定，计算过程中 $GdTiO_3$ 非磁相最后收敛于铁磁相，没有稳定的非磁相。Gd 掺杂使得 $Sr_{1-x}Gd_xTiO_3$ 结构发生畸变，从而导致系统铁磁性出现并加强，图 5.6(c) 中 $Sr_{1-x}Gd_xTiO_3$ 单位分子式单元的总磁矩随 x 增大明显增大。

5.3.3 $Sr_{1-x}Gd_xTiO_3$ 的态密度和能带结构

目前 GGA+U 计算给出了 $Sr_{1-x}Gd_xTiO_3$ 在 $x=0.125$、0.25、0.5 时是金属基态，与实验结果吻合良好[18]。图 5.7 展示了 $Sr_{1-x}Gd_xTiO_3$ 基态计算的总态密度和 Ti 的 3d 轨道、O 的 2p 轨道、Gd 的 4f 轨道的分波态密度，能量限于 −7.5～5 eV，费米能量为 0。由于 $Sr_{1-x}Gd_xTiO_3$ 费米面附近的带不是从 Sr 态衍生出来的，本研究只关注 Ti 的 3d 轨道、O 的 2p 轨道和 Gd 的 4f 轨道的分波态密度，而 Sr 的态密度被忽略。图 5.8 展示了 $Sr_{1-x}Gd_xTiO_3$ 基态计算的带结构。

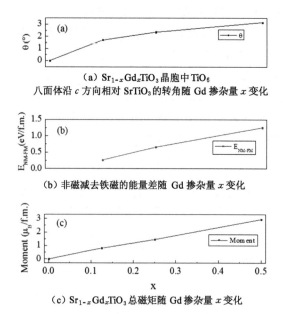

(a) $Sr_{1-x}Gd_xTiO_3$ 晶胞中 TiO_6 八面体沿 c 方向相对 $SrTiO_3$ 的转角随 Gd 掺杂量 x 变化

(b) 非磁减去铁磁的能量差随 Gd 掺杂量 x 变化

(c) $Sr_{1-x}Gd_xTiO_3$ 总磁矩随 Gd 掺杂量 x 变化

图 5.6 $Sr_{1-x}Gd_xTiO_3$ 的氧八面体转角、非磁与铁磁能量差、晶胞磁矩对比图

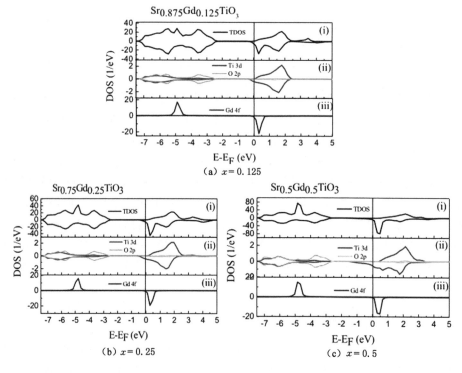

图 5.7 $Sr_{1-x}Gd_xTiO_3$ 的总态密度和分波态密度

而 $Sr_{1-x}Gd_xTiO_3$ 薄膜，与 $SrTiO_3$ 就完全不一样了。$Sr_{0.875}Gd_{0.125}TiO_3$ 薄膜的 TDOS 和 PDOS 如图 5.7(a)所示。实验中，$Sr_{0.875}Gd_{0.125}TiO_3$ 薄膜是一种金属[16]，与目前的计算结论一致。O 2p 带位于约 -7.17 eV 至约 -2.32 eV 之间。Ti 3d 带位于约 -7.11 eV 至

−2.67 eV 和约−0.23 eV 至 2.53 eV 之间。自旋 Gd 的 4f 带跨度为约−5.25 eV 到约 −4.31 eV，并从约−0.14 eV 下降到约 0.75 eV。占据态主要由 Ti 3d、O 2p、Gd 4f 态主导，但费米面附近带主要以 Ti 3d 和 Gd 4f 态为主并且有杂化现象出现。Gd 4f 和 Ti 3d 带跨越费米能级，导致金属基态出现。可以清楚地看到，由于 Gd 掺杂，掺杂电子占据导带的底部，从而费米能级向上移动到导带中，如图 5.7(a) 和 5.8(a) 所示。费米能级处的总态密度为约 7.72 态/eV。这进一步证明 Gd 掺杂的 $SrTiO_3$ 经历了绝缘体-金属转变。

最后，考虑 $Sr_{1-x}Gd_xTiO_3$ ($x=0.25$ 和 0.5) 薄膜，见图 5.7(b)、(c) 和 5.8(b)、(c)。费米面以下占据态的 O 2p 态和 Ti 3d 态有明显的杂化现象出现。我们发现这两种薄膜与 $Sr_{0.875}Gd_{0.125}TiO_3$ 薄膜的总态密度在宽度和形状上显示相似性，主要的区别在于，总态密度中所有 Gd 位置处的尖锐峰，特别是在约−4.6 eV 和约 0.4 eV 处的两个峰随着 Gd 掺杂量 x 增加明显变高了，带结构中 Gd 的轨道明显增加，这说明 Gd 掺杂导致 $Sr_{1-x}Gd_xTiO_3$ 亚铁磁性变强，所以相应的态密度峰自然更高。和 $x=0.125$ 类似，Gd 的 4f 态和 Ti 3d 态跨越费米面，目前的计算结果也显示 $Sr_{0.75}Gd_{0.25}TiO_3$ 和 $Sr_{0.5}Gd_{0.5}TiO_3$ 仍然是金属，这与实验结果一致[18]。

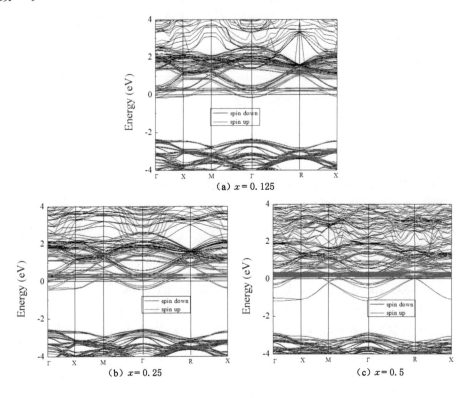

图 5.8 $Sr_{1-x}Gd_xTiO_3$ 的带结构

如图 5.5 所示，Gd 掺杂 $SrTiO_3$ 导致 $Sr_{1-x}Gd_xTiO_3$ 的结构变化主要体现在 Ti—O 键长变长和 Ti—O—Ti 键角变小，TiO_6 八面体沿着 c 轴产生倾斜。这些结构上的变化导致 $Sr_{1-x}Gd_xTiO_3$ 总态密度有两方面的变化从而导致在 $0.125 \leqslant x \leqslant 0.5$ 范围内铁磁性和金属性加强。首先，费米面附近 t_{2g} 带主导的带宽随着掺杂量 x 增加而增加(见图 5.3 和图 5.7)，$x=0、0.125、0.25、0.5$ 时费米面附近的带宽值大小分别为 0 eV、2.51 eV、3.15 eV、4.57

eV。和相互作用强度成比例的关联效应与费米面附近的带宽有一定的联系，这意味着随着掺杂量增加 $Sr_{1-x}Gd_xTiO_3$ 的关联效应加强了。其次，费米面处的总态密度值随掺杂量 x 增大而增大，$x=0、0.125、0.25、0.5$ 时费米面处总态密度分别为 0 态/eV、约 7.72 态/eV、约 8.71 态/eV、约 10.42 态/eV，这说明随着掺杂量 x 增大，$Sr_{1-x}Gd_xTiO_3$ 的金属性增强了。关联效应与费米面附近的态密度相关，这意味着随着掺杂量 x 增加，$Sr_{1-x}Gd_xTiO_3$ 有更强的关联性。根据磁有序出现相关铁磁性的 Stoner 模型[31]，铁磁序的出现和费米面处总态密度相关。这意味着在 $0.125 \leqslant x \leqslant 0.5$ 范围内费米面处总态密度的增加导致 $Sr_{1-x}Gd_xTiO_3$ 的铁磁性随 x 的增大而增大。这正如 $SrRuO_3$ 比 $CaRuO_3$ 在费米面附近有更大的态密度值一样，这导致 $SrRuO_3$ 比 $CaRuO_3$ 有更强的关联性并且 $SrRuO_3$ 表现为铁磁序的基态。

5.4 结论

本章基于第一性原理 GGA+U 的计算方法研究了 Gd 掺杂的 $Sr_{1-x}Gd_xTiO_3$（$x=0,0.125,0.25,0.5,1$）系统的结构、电子结构和磁性质。研究发现 Gd 掺杂会导致 $Sr_{1-x}Gd_xTiO_3$ 的结构发生畸变，TiO_6 八面体沿 c 轴方向产生倾斜。这将导致 $Sr_{1-x}Gd_xTiO_3$（$0 \leqslant x$）产生铁磁性并且铁磁性随着掺杂量 x 增加而加强。掺杂电子占据导带底部，费米面上移导致 $Sr_{1-x}Gd_xTiO_3$ 的金属性出现，费米面附近 Ti 3d 带和 Gd 4f 带有杂化现象。Gd 掺杂导致 $Sr_{1-x}Gd_xTiO_3$ 发生非磁绝缘体-铁磁金属转变。目前的理论计算结果很好地解释了最近实验上观察到的绝缘体-金属转变和铁磁性的出现。

参考文献

[1] NOLAND J A. Optical absorption of single-crystal strontium titanate[J]. Physical review,1954,94(3):724.

[2] OHTA H,KIM S,MUNE Y,et al. Giant thermoelectric Seebeck coefficient of a two-dimensional electron gas in $SrTiO_3$ [J]. Nature materials, 2007, 6 (2): 129-134.

[3] MOTTAGHIZADEH A, YU Q, LANG P L, et al. Metal oxide resistive switching:evolution of the density of states across the metal-insulator transition [J]. Physical review letters,2014,112(6):066803.

[4] MORITO K,IWAZAKI Y,SUZUKI T,et al. Electric field induced piezoelectric resonance in the micrometer to millimeter waveband in a thin film $SrTiO_3$ capacitor[J]. Journal of applied physics,2003,94(8):5199.

[5] BERT J A, KALISKY B, BELL C, et al. Direct imaging of the coexistence of ferromagnetism and superconductivity at the $LaAlO_3/SrTiO_3$ interface[J]. Nature physics,2011,7(10):767-771.

[6] COLLIGNON C,FAUQUÉ B,CAVANNA A,et al. Superfluid density and carrier concentration across a superconducting dome:the case of strontium titanate[J]. Physical review B,2017,96(22):224506.

[7] SHIRANE G, YAMADA Y. Lattice-dynamical study of the 110°K phase transition in SrTiO$_3$[J]. Physical review,1969,177(2):858-863.

[8] BETANCOURT J, PAUDEL T R, TSYMBAL E Y, et al. Spin-polarized two-dimensional electron gas at GdTiO$_3$/SrTiO$_3$ interfaces: insight from first-principles calculations[J]. Physical review B,2017,96(4):045113.

[9] ZHANG H R, ZHANG Y, ZHANG H, et al. Magnetic two-dimensional electron gas at the manganite-buffered LaAlO$_3$/SrTiO$_3$ interface[J]. Physical review B, 2017,96(19):195167.

[10] LOPEZ-BEZANILLA A, GANESH P, LITTLEWOOD P B. Magnetism and metal-insulator transition in oxygen-deficient SrTiO$_3$ [J]. Physical review B, 2015,92(11):115112.

[11] MITRA C, LIN C, POSADAS A B, et al. Role of oxygen vacancies in room-temperature ferromagnetism in cobalt-substituted SrTiO$_3$[J]. Physical review B, 2014,90(12):125130.

[12] LIU Z Q, LÜ W M, LIM S L, et al. Reversible room-temperature ferromagnetism in Nb-doped SrTiO$_3$ single crystals[J]. Physical review B,2013,87(22):220405.

[13] GHOSH S S, MANOUSAKIS E. Structure and ferromagnetic instability of the oxygen-deficient SrTiO$_3$ surface[J]. Physical review B,2016,94(8):085141.

[14] HE J, LU X M, ZHU W L, et al. Induction and control of room-temperature ferromagnetism in dilute Fe-doped SrTiO$_3$ ceramics[J]. Applied physics letters, 2015,107(1):012409.

[15] ISHIKAWA R, SHIMBO Y, SUGIYAMA I, et al. Room-temperature dilute ferromagnetic dislocations in Sr$_{1-x}$Mn$_x$TiO$_{3-\delta}$[J]. Physical review B, 2017, 96 (2):024440.

[16] FERNANDEZ-PEÑA S, LICHTENSTEIGER C, ZUBKO P, et al. Ferroelectric domains in epitaxial Pb$_x$Sr$_{1-x}$TiO$_3$ thin films investigated using X-ray diffraction and piezoresponse force microscopy[J]. APL materials,2016,4(8):086105.

[17] LIN X, RISCHAU C W, VAN DER BEEK C J, et al. S-wave superconductivity in optimally doped SrTi$_{1-x}$Nb$_x$O$_3$ unveiled by electron irradiation [J]. Physical review B,2015,92(17):174504.

[18] MOETAKEF P, CAIN T A. Metal-insulator transitions in epitaxial Gd$_{1-x}$Sr$_x$TiO$_3$ thin films grown using hybrid molecular beam epitaxy[J]. Thin solid films, 2015, 583: 129-134.

[19] KRESSE G, JOUBERT D. From ultrasoft pseudopotentials to the projector augmented-wave method[J]. Physical review B,1999,59(3):1758-1775.

[20] KRESSE G, FURTHMÜLLER J. Efficient iterative schemes forab initiototal-energy calculations using a plane-wave basis set[J]. Physical review B,1996,54 (16):11169-11186.

[21] PAVARINI E, BIERMANN S, POTERYAEV A, et al. Mott transition and

suppression of orbital fluctuations in orthorhombic 3d^1 perovskites[J]. Physical review letters,2004,92(17):176403.

[22] HOWARD S A, YAU J K, ANDERSON H U. Structural characteristics of $Sr_{1-x}La_xTi_{3+\delta}$ as a function of oxygen partial pressure at 1 400 ℃[J]. Journal of applied physics,1989,65(4):1492-1498.

[23] KOMAREK A C,ROTH H,CWIK M,et al. Magnetoelastic coupling in $RTiO_3$ (R＝La,Nd,Sm,Gd,Y) investigated with diffraction techniques and thermal expansion measurements[J]. Physical review B, 2007, 75 (22), 224402.

[24] MOETAKEF P,OUELLETTE D G,ZHANG J Y,et al. Growth and properties of $GdTiO_3$ films prepared by hybrid molecular beam epitaxy[J]. Journal of crystal growth,2012,355(1):166-170.

[25] TRABELSI H,BEJAR M,DHAHRI E,et al. Effect of the oxygen deficiencies creation on the suppression of the diamagnetic behavior of $SrTiO_3$ compound[J]. Journal of alloys and compounds,2016,680:560-564.

[26] ZHOU H D, GOODENOUGH J B. Localized or itinerant TiO_3 electrons in $RTiO_3$ perovskites[J]. Journal of physics:condensed matter, 2005, 17 (46): 7395-7406.

[27] BJAALIE L,VERMA A,HIMMETOGLU B,et al. Determination of the Mott-Hubbard gap in $GdTiO_3$[J]. Physical review B,2015,92(8):085111.

[28] KINACI A, SEVIK C, Çağın T. Electronic transport properties of $SrTiO_3$ and its alloys: $Sr_{1-x}La_xTiO_3$ and $SrTi_{1-x}M_xO_3$ (M＝Nb,Ta)[J]. Physical review B, 2010,82(15),155114.

[29] CARLOTTO S, NATILE M M, GLISENTI A, et al. Electronic structure of $SrTi_{1-x}M_xO_{3-\delta}$(M＝Co,Ni,Cu) perovskite-type doped-titanate crystals by DFT and DFT＋U calculations[J]. Chemical physics letters,2013,588:102-108.

[30] WOLLAN E O, KOEHLER W C. Neutron diffraction study of the magnetic properties of the series of perovskite-type compounds $[(1-x)La,xCa]MnO_3$ [J]. Physical review,1955,100(2):545-563.

[31] STONER E C. XXXIII. Magnetism and molecular structure[J]. The London, Edinburgh, and Dublin philosophical magazine andjournal of science, 1927, 3 (14):336-356.

第6章 Cu掺杂SrRuO$_3$电磁性质的第一性原理研究

本章采用第一性原理的广义梯度近似加U的方法(GGA+U)研究了SrRu$_{1-x}$Cu$_x$O$_3$($x=0, 0.125, 0.25, 0.5$)的结构和电磁相转变。研究结果表明,SrRu$_{1-x}$Cu$_x$O$_3$在$x=0$和0.125时拥有正交结构,但在$x=0.25$和0.5时却稳定在四方结构上。SrRu$_{1-x}$Cu$_x$O$_3$在$x\leqslant 0.125$时为铁磁金属,但在$0.125<x\leqslant 0.5$时为反铁磁绝缘体。Cu掺杂诱导SrRu$_{1-x}$Cu$_x$O$_3$在$x=0.25$时产生正交-四方结构相变、铁磁-反铁磁转变和金属-绝缘体转变。这意味着SrRu$_{1-x}$Cu$_x$O$_3$在磁存储器等磁电子器件上可能有重要应用。这些计算结果和实验相吻合并非常好地解释了前人的实验。

6.1 引言

SrRuO$_3$具有铁磁金属性[1-2],居里温度约为150 K,室温下的结构为正交结构。SrRuO$_3$由于在多铁器件[3]、Schottky(肖特基)结[4]、自旋三重态超导体[5]、铁磁电容器[6]、磁隧道结[7]和场效应器件[8]等方面的重要应用而受到人们的广泛关注。

掺杂可以导致SrRuO$_3$物理性质发生变化,出现有趣的电磁相转变[9-15]。Fita等[9]研究了Mn掺杂SrRuO$_3$的结构和磁相变,研究发现大约在$x=0.25$时SrRu$_{1-x}$Mn$_x$O$_3$中出现交换偏置,紧跟着出现铁磁-反铁磁转变。Kim等[10]研究了Sn掺杂SrRuO$_3$的半金属铁磁性和绝缘体-金属转变,研究发现SrRu$_{1-x}$Sn$_x$O$_3$在$0.5\leqslant x\leqslant 0.7$时表现为半金属铁磁性,在$x>0.7$时系统表现出了绝缘性。Dash等[13]研究了氧空位对SrRu$_{1-x}$Fe$_x$O$_3$磁电阻性质的影响,研究发现没有外加磁场的条件下,薄膜在$x=0.1$和0.2时表现出绝缘体-金属转变,Fe掺杂和氧空位对薄膜的磁电阻属性都有重要影响。Mangalam等[14]研究了SrRu$_{1-x}$Cu$_x$O$_3$从巡游铁磁金属性向绝缘自旋玻璃态的转变,研究发现在$x=0.2$时系统出现了正交-四方结构相变,并伴随着铁磁-反铁磁转变。Nithya等[15]的研究也进一步证实了在$x=0.2$时SrRu$_{1-x}$Cu$_x$O$_3$拥有四方结构,磁性测量证实在$x>0.16$时表现为反铁磁性。到目前为止,没有关于SrRu$_{1-x}$Cu$_x$O$_3$中出现的电磁相转变的理论研究报道,理论研究可以解释实验现象的本质和机制,为材料的应用奠定理论基础并提供指导。

本章采用密度泛函理论的广义梯度近似加U(GGA+U)的方法研究了SrRu$_{1-x}$Cu$_x$O$_3$($x=0, 0.125, 0.25, 0.5$)的结构和电磁性质。研究结果显示,SrRu$_{1-x}$Cu$_x$O$_3$在$x=0$和0.125时拥有正交结构,表现为铁磁金属性,但在$x=0.25$和0.5时拥有四方结构,表现为反铁磁绝缘性。Cu掺杂诱导SrRu$_{1-x}$Cu$_x$O$_3$在$x=0.25$时产生结构相转变和电磁相转变,这和前人实验有非常好的吻合[14-15]。

6.2 计算方法

SrRu$_{1-x}$Cu$_x$O$_3$($x=0, 0.125, 0.25, 0.5$)体系的第一性原理计算采用密度泛函理论的

GGA+U 的方法通过 VASP 软件包来实现[16-17]。对于交换相关函数,采用 PBE 方案。所有计算中,应用于 Ru 原子 d 轨道的斯托纳交换参数 Hubbard $U=3.5$、$J=0.6$[18],应用于 Cu 原子 d 轨道的斯托纳交换参数 Hubbard $U=8$、$J=0$,和前人文献中的值非常接近($U=7$)[19]。根据前人的经验,GGA+U 的方法给 Cu 加 U 在 7 到 10 之间都可以很好地描述 CuO 的性质[19]。在固定 Ru 原子 d 轨道的斯托纳交换参数基础上,我们采用 $U=7、8、9、10$ 去测试计算 $SrRu_{0.875}Cu_{0.125}O_3$ 的电磁性质,发现所有 U 计算的磁基态和金属性都和实验是一致的,但随着 U 值的增加,铁磁和反铁磁的能量差增加,即增大的 U 会导致更稳定的 $SrRu_{0.875}Cu_{0.125}O_3$ 铁磁基态出现。为了获得更稳定的 $SrRu_{0.875}Cu_{0.125}O_3$ 铁磁基态,本章选择比参考文献值[19]略大的 $U=8$。考虑掺杂过程中出现的结构相变,分别构建一个由 40 个原子构成的 $2\times1\times1$ 的正交和四方结构的 $SrRuO_3$ 超胞,对获得充分优化弛豫后的结构再进行掺杂。接下来,根据 $x=0,0.125,0.25,0.5$ 的比例考虑不同原子替代方式用 Cu 原子替代 $SrRuO_3$ 超胞中的 Ru 原子,充分优化晶格参数和原子位置,计算 $SrRu_{1-x}Cu_xO_3$ 的结构和电磁性质。考虑的磁结构类型主要包括铁磁(FM)、A 型反铁磁(A-AFM)、G 型反铁磁(G-AFM)和 C 型反铁磁(C-AFM)[20],详见图 6.1。优化后每一组分中总能量最低者为基态。$SrRu_{1-x}Cu_xO_3$ 各个掺杂组分的基态结构详见图 6.1。整个计算过程中电子的平面波截断能量采用 400 eV,并采用以 M 点为中心的 $2\times4\times3$ k 点进行 $SrRu_{1-x}Cu_xO_3(0\leqslant x\leqslant0.5)$ 的计算。赝势中以 10 个电子($4s^24p^65s^2$)、16 个电子($4s^24p^65s^24d^6$)、11 个电子($3d^{10}4p^1$)和 6 个电子($2s^22p^4$)分别作为 Sr、Ru、Cu 和 O 原子的价电子。当两个连续的电子步小于 10^{-4} eV 时电子自洽计算收敛,结构弛豫 Hellman-Feynman 力计算收敛于两个连续离子步的能量小于 10^{-3} eV。

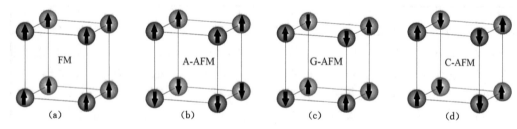

图 6.1 铁磁和 A、G、C 型反铁磁示意图

6.3 结果与讨论

6.3.1 晶体结构

图 6.2 所示为优化后 $SrRu_{1-x}Cu_xO_3(x=0,0.125,0.25,0.5)$ 的晶体结构图。在 $x=0$ 和 0.125 时,$SrRu_{1-x}Cu_xO_3$ 的正交相比四方相能量低,但在 $x=0.25$ 和 0.5 时,$SrRu_{1-x}Cu_xO_3$ 四方相能量比正交相的低。$SrRuO_3$ 室温下拥有典型的正交结构和 Pbnm 空间群。$SrRuO_3$ 结构中 6 个 O 原子包围一个 Ru 原子[见图 6.2(a)],形成 RuO_6 八面体。根据前人的实验结果[21],$SrRuO_3$ 的晶格参数 $a=5.567\ 0$ Å,$b=5.530\ 4$ Å,$c=7.844\ 6$ Å,晶胞体积 $V=241.517\ 48$ Å³。由表 6.1 可以看出,当前计算结果获得的 $SrRuO_3$ 晶格参数 $a=5.532\ 6$ Å,

$b=5.5083$ Å, $c=7.8037$ Å,晶胞体积 $V=237.8138$ Å^3。理论计算晶格参数比实验小约 0.5%,体积小约 1.5%。考虑到实验晶格参数是室温条件下获得的,而理论晶格参数是 0 K 条件下计算获得的,当前理论计算 SrRuO$_3$ 晶格参数和实验吻合。

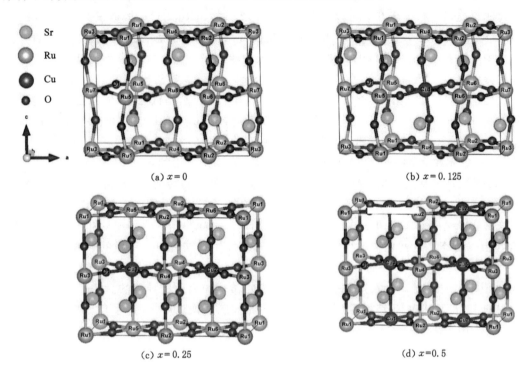

图 6.2 优化后 SrRu$_{1-x}$Cu$_x$O$_3$ 晶体结构图

表 6.1 SrRu$_{1-x}$Cu$_x$O$_3$ 的晶格参数、晶胞体积和 Ru—O 键长

	Pbnm		I4mcm	
x	0	0.125	0.25	0.5
a/Å	5.5326	5.5388	5.511	5.4097
b/Å	5.5083	5.5177	5.511	5.4097
c/Å	7.8037	7.7478	7.9947	7.9121
V/Å^3	237.8138	236.7783	242.808	231.5391
Ru—O/Å	1.9802	1.9711	1.9689	1.9179

表 6.1 给出了 SrRu$_{1-x}$Cu$_x$O$_3$ ($0 \leqslant x \leqslant 0.5$) 的晶格参数、晶胞体积和 Ru—O 键长。随着掺杂量 x 增加,SrRu$_{1-x}$Cu$_x$O$_3$ 的晶格参数和晶胞体积曲折变化。在 $x=0.25$ 时,由于正交向四方的结构相变发生,而导致了晶胞体积产生了明显的突然增大。表 6.1 中的 Ru—O 键长在图 6.2(a) 和 (b) 中是指 Ru7—O1 键长,在图 6.2(c) 和 (d) 中指的是 Ru3—O1 键长。从表 6.1 中可以看出,Ru—O 键长随着 Cu 掺杂量增加不断减小,这可能是 SrRu$_{1-x}$Cu$_x$O$_3$ 产生铁磁金属向反铁磁绝缘体转变的重要原因。

6.3.2 磁性质

表6.2给出了相对于最低能量态$SrRu_{1-x}Cu_xO_3$的铁磁、A型、G型和C型反铁磁分子式单元的总能量。根据表6.2可以判断$x=0,0.125$时,$SrRu_{1-x}Cu_xO_3$是正交结构铁磁态;但当$x=0.25,0.5$时,$SrRu_{1-x}Cu_xO_3$的基态是四方结构反铁磁态,这和实验是一致的。从表6.2中可以看出,正交结构的铁磁态拥有最低的能量,A型、G型和C型反铁磁总能量比铁磁态分别高0.115 7 eV/分子式单元、0.021 8 eV/分子式单元和0.029 9 eV/分子式单元。我们也计算了四方相$SrRuO_3$的各种磁结构,其基态仍然是铁磁态,但能量比正交相的铁磁态高0.031 2 eV/分子式单元。当$x=0.125$时,$SrRu_{0.875}Cu_{0.125}O_3$仍然是正交相的铁磁态,A型、G型和C型反铁磁的总能量比铁磁态分别高0.020 1 eV/分子式单元、0.014 9 eV/分子式单元和0.040 6eV/分子式单元。随着Cu掺杂量增加,$SrRu_{1-x}Cu_xO_3$的基态在$x=0.25$时出现了从正交相的铁磁态向四方相的反铁磁态的转变,四方相基态比正交相有更低的能量。如表6.2所示,$SrRu_{0.75}Cu_{0.25}O_3$和$SrRu_{0.5}Cu_{0.5}O_3$的四方相的铁磁、G型和C型反铁磁比A型反铁磁有更高的总能量,所以$SrRu_{1-x}Cu_xO_3$在$x=0.25$和0.5时的基态是A型反铁磁态。这就意味着在$x=0.25$时,系统发生了铁磁向反铁磁的转变。如表6.1所示,当Cu掺杂量到0.25时,晶胞体积产生了明显的增大,并发生了正交向四方相的结构相变,这主要由于Cu^{2+}(0.73 Å)离子替代Ru^{4+}(0.62 Å)离子所导致的。Cu^{2+}离子的引入导致强的Jahn-Teller(杨-特勒)扭曲出现[14],从而抑制了铁磁序,促进了反铁磁序的出现。实验上,Nithya等和Mangalam等发现$SrRu_{0.8}Cu_{0.2}O_3$是四方结构的反铁磁态[15]或自旋玻璃态[14],反铁磁基态的产生主要来源于Cu和Ru磁矩的短程有序,这和当前计算结果是一致的。

为了更深入地理解Cu掺杂导致的磁相变,表6.3列出了$SrRu_{1-x}Cu_xO_3$基态的分子式单元总磁矩和各磁性原子磁矩。Sr原子磁矩为零,O原子磁矩几乎为零,故表6.3中都未列出。由表6.3可以看出,在$x \leqslant 0.125$时,$SrRu_{1-x}Cu_xO_3$的总磁矩几乎不变,铁磁态的能量最低,Cu和Ru原子磁矩之间都是平行的铁磁排列。尽管Cu原子磁矩比Ru小不少,但$SrRu_{0.875}Cu_{0.125}O_3$中掺Cu后和Cu原子在同一平面,Ru原子磁矩增大了,所以$SrRu_{0.875}Cu_{0.125}O_3$的总磁矩和$SrRuO_3$差不多。但随着Cu掺杂量增加,$SrRu_{1-x}Cu_xO_3$在$x \geqslant 0.25$时的总磁矩和$x \leqslant 0.125$完全不一样。由表6.2可以看出,$SrRu_{0.75}Cu_{0.25}O_3$的铁磁态能量比A型反铁磁态的略高。表6.3中给出了在$x=0.25$时Cu和Ru原子磁矩间的反铁磁排列。尽管是反铁磁排列,由于反铁磁排列的原子磁矩不完全相等,而导致总磁矩为0.21 μ_B/分子式单元,这意味着$SrRu_{0.75}Cu_{0.25}O_3$可能是个自旋玻璃态,这印证了实验上发现的自旋玻璃态[14] $SrRu_{0.8}Cu_{0.2}O_3$。当$x=0.5$时,由于反铁磁排列的原子磁矩之间相互抵消,$SrRu_{0.5}Cu_{0.5}O_3$的总磁矩为0 μ_B。在$x=0.25$时$SrRu_{1-x}Cu_xO_3$产生从铁磁向反铁磁的磁相转变并出现了自旋玻璃态,这意味$SrRu_{1-x}Cu_xO_3$在磁存储器件上可能有重要应用。$x=0.25$时,2个Cu替代图6.2(c)所示的8个Ru位有不同的替代方式,在各种替代方式中,系统的绝缘本质不变,但磁基态和总磁矩略有差别。各种替代方式的基态中,以图6.2(c)中结构的A型反铁磁能量最低。这里列举几种有代表性的替代方式。除了图6.2(c)所示结构的基态为A型反铁磁外,当图6.2(c)中的Ru5位和Cu2位被2个Cu替代时(其他Ru位都是Ru原子),系统的基态仍然为A型反铁磁,但系统的总磁矩则增加为0.75 μ_B/分子式单元。尽管在

$x=0.25$ 时所有替代方式基态都是反铁磁,但这些反铁磁排列除了前面提到的 A 型反铁磁外,还有 C 型反铁磁。例如,当图 6.2(c)中的 Ru2 和 Cu2 位被 Cu 替代时基态为 C 型反铁磁,总磁矩为 0.5 μ_B/分子式单元;当 Ru1 和 Ru2 位被 Cu 替代时基态也为 C 型反铁磁,但总磁矩为 0.75 μ_B/分子式单元。综上分析发现,在各种替代方式中都表现出一个共同的特点,计算获得的 $SrRu_{0.75}Cu_{0.25}O_3$ 基态都是带有磁矩的反铁磁态,这进一步印证了实验上发现的 $x=0.2$ 出现的自旋玻璃态。

表 6.2 $SrRu_{1-x}Cu_xO_3$ 不同磁结构的总能量　　　　单位:eV/分子式单元

	Pbnm		I/4mcm	
x	0	0.125	0.25	0.5
FM/eV	0.000 0	0.000 0	0.033 1	0.035 0
A-AFM/eV	0.115 7	0.020 1	0.000 0	0.000 0
G-AFM/eV	0.021 8	0.014 9	0.008 0	0.006 3
C-AFM/eV	0.029 9	0.040 6	0.016 6	0.030 5

表 6.3 $SrRu_{1-x}Cu_xO_3$ 分子式单元总磁矩和各磁性原子磁矩　　　　单位:μ_B

x								
0		0.125		0.25		0.5		
Ru1	1.42	Ru1	1.47	Ru1	1.47	Ru1	1.76	
Ru2	1.42	Ru2	1.47	Ru2	1.47	Ru2	1.76	
Ru3	1.41	Ru3	1.46	Ru3	−1.93	Ru3	−1.77	
Ru4	1.41	Ru4	1.57	Ru4	−1.93	Ru4	−1.77	
Ru5	1.42	Ru5	1.83	Ru5	1.96	Cu1	−0.79	
Ru6	1.42	Ru6	1.83	Ru6	1.96	Cu2	−0.79	
Ru7	1.41	Ru7	1.58	Cu1	0.82	Cu3	0.81	
Ru8	1.41	Cu1	0.83	Cu2	0.82	Cu4	0.81	
总磁矩	1.77	总磁矩	1.86	总磁矩	0.21	总磁矩	0	

6.3.3 电子结构

图 6.3 所示是 $SrRu_{1-x}Cu_xO_3(0 \leqslant x \leqslant 0.5)$ 的总态密度(TDOS)和分波态密度(PDOS),其能量范围在 −10 eV 到 5 eV 之间,能量为 0 eV 位置为费米面。由于 Sr 原子对 $SrRu_{1-x}Cu_xO_3$ 的价带、导带以及费米面附近带没有贡献,这里主要考虑 Ru 3d、Cu 3d 和 O 2p 的贡献。当前计算结果显示,$SrRu_{1-x}Cu_xO_3$ 在 $x=0$ 和 0.125 时为铁磁金属,但 $x=0.25$ 和 0.5 时为反铁磁绝缘体,这和实验是一致的。

众所周知,$SrRuO_3$ 室温下是巡游的铁磁金属,完全符合当前的和以前的[18]计算结果。从图 6.3(a)中 $SrRuO_3$ 的态密度图可以看出,Ru 3d 和 O 2p 杂化的带跨越费米面,导致了金属的 $SrRuO_3$ 出现。费米面附近主要的峰主要位于费米面下约 1.6 eV 到约 0.5 eV 和费米面上约 0.1 eV 到 1.2 eV。当一个 Cu 原子替代 40 个原子的 $SrRuO_3$ 超胞的一个 Ru 原

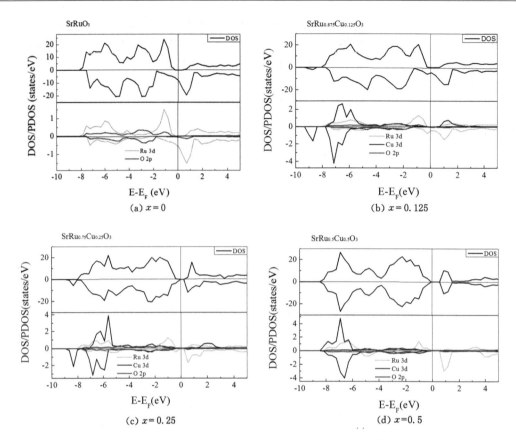

图 6.3 SrRu$_{1-x}$Cu$_x$O$_3$的总态密度和分波态密度

子时，SrRu$_{1-x}$Cu$_x$O$_3$仍然表现为金属性。这主要是 Ru 3d 带跨越费米面而导致金属性产生。Ru 3d 带、Cu 3d 带和 O 2p 带之间有杂化产生。

随着 Cu 掺杂量进一步增加，铁磁性和金属性受到抑制。在 $x=0.25$ 和 0.5 时，SrRu$_{1-x}$Cu$_x$O$_3$ 表现出反铁磁绝缘的特征。图 6.3(c)和(d)给出了 SrRu$_{0.75}$Cu$_{0.25}$O$_3$ 和 SrRu$_{0.5}$Cu$_{0.5}$O$_3$ 的总态密度和分波态密度图。Ru 3d、Cu 3d 和 O 2p 带之间都有杂化发生。Cu 掺杂导致 SrRu$_{1-x}$Cu$_x$O$_3$ 变成绝缘体，当 $x=0.25$ 和 0.5 时 0.2 eV 和 0.6 eV 带隙分别在 Ru 3d 态间打开。SrRu$_{0.75}$Cu$_{0.25}$O$_3$ 的态密度图不完全对称，导致总磁矩不为 0 μ_B。如前所述，尽管 SrRu$_{0.75}$Cu$_{0.25}$O$_3$ 是 A 型反铁磁，但由于总磁矩不为 0 μ_B，表现出了自旋玻璃行为。当 $x=0.5$ 时，SrRu$_{0.5}$Cu$_{0.5}$O$_3$ 是 A 型反铁磁，由于态密度完全对称，所以 SrRu$_{0.5}$Cu$_{0.5}$O$_3$ 的总磁矩为 0 μ_B。

由图 6.3 可以清楚地看出，SrRu$_{1-x}$Cu$_x$O$_3$（$0 \leqslant x \leqslant 0.5$）的金属性随着 Cu 掺杂量增加明显减弱并消失。这主要表现为金属 SrRu$_{1-x}$Cu$_x$O$_3$ 在 $x=0$ 和 0.125 时费米面处的态密度分别为 7.2 态/eV 和 4.8 态/eV，绝缘 SrRu$_{1-x}$Cu$_x$O$_3$ 在 $x=0.25$ 和 0.5 时的带隙分别为 0.2 eV 和 0.6 eV。SrRu$_{1-x}$Cu$_x$O$_3$ 中金属性的产生主要是 Ru 的巡游电子的贡献，随 Cu 的掺入，Ru 的巡游电子逐渐减少，金属性减弱。随着 Cu 掺杂量进一步增加，在 $x=0.25$ 时当足够多 Cu 原子掺入后晶场导致 Ru 4d 带劈裂，带隙打开，绝缘体便产生了，于是 SrRu$_{1-x}$Cu$_x$O$_3$ 中绝缘体金属转变在 $x=0.25$ 时出现了。

6.4 结论

本章通过第一性原理的广义梯度近似加 U 的方法研究了 $SrRu_{1-x}Cu_xO_3$（$x=0,0.125$，$0.25,0.5$）的结构和电磁相转变。研究发现，在 $x=0.25$ 时，$SrRu_{1-x}Cu_xO_3$ 不但发生了正交-四方结构相转变，而且发生了由铁磁金属相向反铁磁绝缘相的转变。这意味着 $SrRu_{1-x}Cu_xO_3$ 可能在磁存储等磁电子器件上有重要的应用。当前计算结果很好地解释了前人实验结果。

参考文献

[1] ZHANG X Y, CHEN Y J, CAO H X, et al. Effect of Mn doping on magnetic and transport properties of SrRuO₃ perovskite[J]. Solid state communications, 2008, 145(5/6):259-262.

[2] XIE Q Y, QI C, BAI G, et al. The structural, magnetic and electrical properties of cobalt-doped SrRuO₃[J]. Journal of alloys and compounds, 2018, 746:477-481.

[3] ZHENG M, NI H, QI Y P, et al. Ferroelastic strain control of multiple nonvolatile resistance tuning in SrRuO₃/PMN-PT(111) multiferroic heterostructures[J]. Applied physics letters, 2017, 110(18):182403.

[4] LIU X H, WANG Y, BURTON J D, et al. Polarization-controlled Ohmic to Schottky transition at a metal/ferroelectric interface[J]. Physical review B, 2013, 88(16):165139.

[5] CHUNG S B, KIM S K, LEE K H, et al. Cooper-pair spin current in a strontium ruthenate heterostructure[J]. Physical review letters, 2018, 121(16):167001.

[6] JO J Y, KIM D J, KIM Y S, et al. Polarization switching dynamics governed by the thermodynamic nucleation process in ultrathin ferroelectric films[J]. Physical review letters, 2006, 97(24):247602.

[7] PETRZHIK A M, OVSYANNIKOV G A, SHADRIN A V, et al. Spin transport in epitaxial magnetic manganite/ruthenate heterostructures with an LaMnO₃ layer [J]. Journal of experimental and theoretical physics, 2014, 119(4):745-752.

[8] ZHOU W P, LI Q, XIONG Y Q, et al. Electric field manipulation of magnetic and transport properties in SrRuO₃/Pb(Mg$_{1/3}$Nb$_{2/3}$)O₃-PbTiO₃ heterostructure[J]. Scientific reports, 2014, 4:6991.

[9] FITA I, PUZNIAK R, MARKOVICH V, et al. Exchange bias driven by the structural/magnetic transition in Mn-doped SrRuO₃[J]. Ceramics international, 2016, 42(7):8453-8459.

[10] KIM N, KIM R, YU J. Half-metallic ferromagnetism and metal-insulator transition in Sn-doped SrRuO₃ perovskite oxides[J]. Journal of magnetism and magnetic materials, 2018, 460:54-60.

[11] KIM K W, LEE J S, NOH T W, et al. Metal-insulator transition in a disordered

and correlated SrTi$_{1-x}$Ru$_x$O$_3$ system: changes in transport properties, optical spectra, and electronic structure[J]. Physical review B, 2005, 71(12): 125104.

[12] HADIPOUR H, FALLAHI S, AKHAVAN M. Ferromagnetism and antiferromagnetism coexistence in SrRu$_{1-x}$Mn$_x$O$_3$: density functional calculation [J]. Journal of solid state chemistry, 2011, 184(3): 536-545.

[13] DASH U, ACHARYA S K, LEE B W, et al. Magnetoresistance versus oxygen deficiency in epi-stabilized SrRu$_{1-x}$ [J]. Nanoscale research letters, 2017, 12(1): 168.

[14] MANGALAM R V K, SUNDARESAN A. Itinerant ferromagnetism to insulating spin glass in SrRu$_{1-x}$Cu$_x$O$_3$ (0≤x≤0.3)[J]. Materials research bulletin, 2009, 44(3): 576-580.

[15] NITHYA R, SANKARA SASTRY V, PAUL P, et al. Effect of hole doping and antiferromagnetic coupling on the itinerant ferromagnetism of through Cu substitution at Ru site[J]. Solid state communications, 2009, 149(39/40): 1674-1678.

[16] KRESSE G, FURTHMÜLLER J. Efficient iterative schemes for ab initio total-energy calculations using a plane-wave basis set[J]. Physical review B, condensed matter, 1996, 54(16): 11169-11186.

[17] KRESSE G, JOUBERT D. From ultrasoft pseudopotentials to the projector augmented-wave method[J]. Physical review B, 1999, 59(3): 1758-1775.

[18] XU S, GU Y, WU X. Ferromagnetism and antiferromagnetism coexistence in Sr$_{1-x}$La$_x$RuO$_3$ induced by La-doping[J]. Solid state communications, 2018, 270: 119-123.

[19] YU X H, ZHANG X M, WANG H T, et al. High coverage water adsorption on the CuO(111) surface[J]. Applied surface science, 2017, 425: 803-810.

[20] WOLLAN E O, KOEHLER W C. Neutron diffraction study of the magnetic properties of the series of perovskite-type compounds [(1−x)La, xCa]MnO$_3$ [J]. Physical review, 1955, 100(2): 545-563.

[21] KOSTER G, KLEIN L, SIEMONS W, et al. Structure, physical properties, and applications of SrRuO$_3$ thin films[J]. Reviews of modern physics, 2012, 84(1): 253-298.

第7章 Ce掺杂SrTiO$_3$的结构和电磁性质研究

本章通过第一性原理计算采用GGA+U方法,研究了Sr$_{1-x}$Ce$_x$TiO$_3$(x=0,0.125, 0.25)的晶体结构和电磁性质。计算结果表明,Sr$_{1-x}$Ce$_x$TiO$_3$稳定在立方钙钛矿结构中,Ce掺杂导致Sr$_{1-x}$Ce$_x$TiO$_3$的晶格参数、晶胞体积、Ti—O键长都增大,但Ti—O—Ti键角减小。Sr$_{1-x}$Ce$_x$TiO$_3$在x=0时为非磁绝缘体,在0.125≤x≤0.25时为铁磁半金属。Ce掺杂导致Sr$_{1-x}$Ce$_x$TiO$_3$在x=0.125时产生非磁绝缘体向铁磁半金属的转变。随着Ce掺杂量增加,Sr$_{1-x}$Ce$_x$TiO$_3$的金属性和铁磁性加强,这很好地解释了Sr$_{1-x}$Ce$_x$TiO$_3$在固体氧化物燃料电池上的应用。这些结果也意味着Sr$_{1-x}$Ce$_x$TiO$_3$在磁存储器件上可能有重要应用。

7.1 引言

SrTiO$_3$室温下具有立方结构,是非磁的带隙绝缘体[1],实验测得带隙为3.2 eV[2]。SrTiO$_3$受到人们广泛关注主要由于掺杂或应变超晶格SrTiO$_3$表现出金属铁磁性[3]、超导性[4]、铁电性[5]和二维电子气[6]等性质。因此,SrTiO$_3$在铁电器件、热电器件、存储器件和固体燃料电池上都有重要的应用。

掺杂是改善材料性能的非常有效的方式之一,掺杂SrTiO$_3$通常表现出良好的导电性能。Klimin和Lin等研究发现,Nb掺杂导致SrTiO$_3$产生超导电性并表现出费米液体行为[4,7-8]。Liu等[9]研究发现O空位导致绝缘体-金属转变出现在SrTiO$_3$薄膜中,而Jang等[10]也在SrRu$_{1-x}$Ti$_x$O$_3$中发现了绝缘体-金属转变现象。Moetakef等[11]研究发现Gd掺杂导致SrTiO$_3$薄膜出现绝缘体-金属转变。采用第一性原理计算,我们[3]解释了Sr$_{1-x}$Gd$_x$TiO$_3$薄膜中绝缘体-金属转变产生的原因。Suthirakun等[12]采用第一性原理研究了阳极固体燃料电池条件下的Nb和Ga掺杂的SiTiO$_3$的电子结构,研究发现当20%Nb掺杂并伴随10%的Ga掺杂时,系统获得电子导电性,这和实验结果一致。Yamada等[13]研究了Sr$_{1-x}$Ce$_x$TiO$_3$的热电属性,发现随着x增加,系统载流子浓度线性提高。Cumming等[14]研究了应用于固体燃料电池的Sr$_{1-x}$Ce$_x$TiO$_3$(0<x<0.15)的电子导电性问题,发现系统表现出电子导电性。尽管人们发现Sr$_{1-x}$Ce$_x$TiO$_3$在固体燃料电池上有重要应用,但关于Ce掺杂增强SrTiO$_3$的电子导电性还没有理论计算方面的解释,为了更好应用,理论研究也至关重要。

本章基于第一性原理计算,采用GGA+U的方法研究了Sr$_{1-x}$Ce$_x$TiO$_3$(x=0,0.125, 0.25)的电子结构。研究发现,Sr$_{1-x}$Ce$_x$TiO$_3$稳定在立方的钙钛矿结构中,在x=0时表现为非磁绝缘体,在x=0.125和0.25时表现为铁磁半金属。Ce掺杂导致Sr$_{1-x}$Ce$_x$TiO$_3$中出现非磁绝缘体-铁磁半金属转变,Ce掺杂增强SiTiO$_3$的导电性和铁磁性,这很好地解释了Sr$_{1-x}$Ce$_x$TiO$_3$在固体燃料电池的重要应用。这些计算结果意味着Sr$_{1-x}$Ce$_x$TiO$_3$在磁存储器件上可能有重要应用。

7.2 计算方法

利用 VASP 软件包基于 PAW 赝势采用第一性原理密度泛函理论计算了 $Sr_{1-x}Ce_xTiO_3$ ($x=0,0.125,0.25$) 的电磁性质[15-16]。对于交换相关函数,采用了 GGA+U 的 PBE 方案。所有的计算中,将 Hubbard $U=5.0$ 和斯托纳交换参数 $J=0.64$ 应用于 Ti 原子的 d 轨道[3]。将 40 个原子构成的 $2\times2\times2$ 的立方结构 $SrTiO_3$ 超胞用于掺杂计算。考虑不同原子替代方式,根据 $x=0,0.125,0.25$ 的比例用 Ce 原子替代 $SrTiO_3$ 超胞中的 Sr 原子,优化所有原子位置和晶格参数,计算 $Sr_{1-x}Ce_xTiO_3$ 的晶体结构和电磁性质。计算的磁结构类型主要包括非磁(NM)、G 型反铁磁(G-AFM)、A 型反铁磁(A-AFM)、C 型反铁磁(C-AFM)和铁磁(FM)[17],能量最低者为基态。图 7.1 给出了 $Sr_{1-x}Ce_xTiO_3$ 不同掺杂含量的基态晶体结构图。所有计算中都采用 400 eV 的电子平面波截断能量。以 M 点为中心的 $4\times4\times4$ k 点进行 $Sr_{1-x}Ce_xTiO_3$ ($0\leqslant x\leqslant0.25$) 的结构优化,采用 M 点为中心 $8\times8\times8$ k 点计算态密度。赝势中以 10 个电子($4s^24p^65s^2$)、4 个电子($3d^34s^1$)、6 个电子($2s^22p^4$)和 12 个电子($4f^15p^65d^36s^2$)分别为作为 Sr、Ti、O 和 Ce 原子的价电子。电子步自洽计算收敛于两个连续的电子步能量小于 10^{-4} eV,离子步自洽计算收敛于两个连续离子步的能量小于 10^{-3} eV。

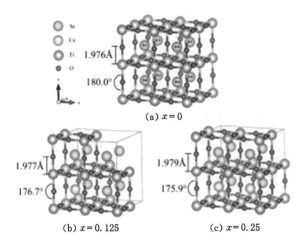

图 7.1 优化后的 $Sr_{1-x}Ce_xTiO_3$ 的晶体结构图

7.3 结果与讨论

7.3.1 晶体结构和磁性质

首先,如图 7.1(a)所示,我们优化了 $SrTiO_3$ 的晶体结构,$SrTiO_3$ 结构的 TiO_6 八面体中 Ti 在中心,O 在六个顶角上。室温下 $SrTiO_3$ 有典型立方结构,空间群为 Pm-3m,前人实验获得的晶格参数 a 为 3.905 Å[3]。根据我们的计算,如表 7.1 所示,计算获得和实验一致的立方结构 $SrTiO_3$,但晶格参数 a 为 3.951 Å。接下来,优化了 $Sr_{1-x}Ce_xTiO_3$ ($x=0.125$,

0.25)的晶体结构。根据对称性，$x=0.125$ 时只有一种替代方式，一个 Ce 原子替代 Sr 原子[见图 7.1(b)]。$x=0.25$ 时，有三种替代方式：① Sr4 和 Sr8 位 Sr 原子被两个 Ce 原子替代[见图 7.1(a)和(c)]；② Sr5 和 Sr8 位 Sr 原子被两个 Ce 原子替代；③ Sr7 和 Sr8 位 Sr 原子被两个 Ce 原子替代。其中第 1 种替代方式基态的能量在三种方式中最低。考虑到三种替代方式计算获得的晶体结构、磁基态和态密度结果没有本质差别，这里只列出第 1 种替代方式的计算结果。根据我们的计算结果，$Sr_{1-x}Ce_xTiO_3$ 在 $x=0, 0.125, 0.25$ 的空间群分别为 Pm-3m、Cmmm 和 P4/mmm，和我们计算的 $Sr_{1-x}Gd_xTiO_3$ 的晶体结构类似[3]。由图 7.1 和表 7.1 可以看出，随着 Ce 掺杂量的增加，$Sr_{1-x}Ce_xTiO_3$ 的晶格参数 a、晶胞体积 V 和 Ti—O 键长逐渐增大。但 Ti—O—Ti 键角却逐渐减小，Ce 掺杂导致 $Sr_{1-x}Ce_xTiO_3$ 的晶格产生畸变，这可能是电磁性质产生转变的重要原因。

表 7.1 $Sr_{1-x}Ce_xTiO_3$ 的晶胞体积、晶格参数、Ti—O 键长、Ti—O—Ti 键角、磁基态和带隙

x	0	0.125	0.25
a/Å	3.951	3.954	3.957
V/Å³	61.677	61.817	61.958
Ti—O 键长/Å	1.976	1.977	1.979
Ti—O—Ti 键角/(°)	180.0	176.7	175.9
磁基态	非磁	铁磁	铁磁
带隙/eV	2.35	0	0

接下来，研究 $Sr_{1-x}Ce_xTiO_3$ 的磁性质。表 7.1 给出了 $SrTiO_3$ 的磁基态为非磁，我们计算了 A 型、C 型、G 型反铁磁，铁磁和非磁结构的 $SrTiO_3$，发现所有反铁磁和铁磁结构的计算都收敛在非磁结构上。根据当前的计算结果 $Sr_{1-x}Ce_xTiO_3$ 在 $x=0.125$ 和 0.25 时磁基态都是铁磁态。在 $x=0.125$ 时，计算优化后的 A 型、C 型、G 型反铁磁，非磁态比铁磁态分别高 6 meV/分子式单元、3 meV/分子式单元、5 meV/分子式单元、2 meV/分子式单元。当 $x=0.25$ 时，优化后的非磁态收敛于铁磁态，A 型、C 型和 G 型反铁磁态比铁磁态能量分别高 11 meV/分子式单元、20 meV/分子式单元、12 meV/分子式单元。所以，在 $x=0.125$ 时，$Sr_{1-x}Ce_xTiO_3$ 发生了由非磁相向铁磁相的磁相变，这使得 $Sr_{1-x}Ce_xTiO_3$ 在磁存储器件上可能有重要应用，这有待于磁性实验进一步验证当前的预言。我们还计算了结合能，$x=0, 0.125, 0.25$ 时，$Sr_{1-x}Ce_xTiO_3$ 结合能绝对值分别为 32.415 eV/分子式单元、32.941 eV/分子式单元、33.394 eV/分子式单元，随着 Ce 掺杂和晶格参数增加结合能增加，这意味 Ce 掺杂 $SrTiO_3$ 有较好的稳定性。在表 7.2 给出了 $Sr_{1-x}Ce_xTiO_3$ 的 Ce 和 Ti 原子磁矩和超胞总磁矩。表 7.2 没有给出 Sr 和 O 的原子磁矩是由于 Sr 原子磁矩为 0 μ_B，O 原子磁矩非常微弱（几乎为 0 μ_B）。从表 7.2 中可以看出，非磁 $SrTiO_3$ 的所有原子磁矩和总磁矩都为 0，$Sr_{1-x}Ce_xTiO_3$ 中 Ce、Ti 原子磁矩和系统的总磁矩都随着 Ce 掺杂量 x 的增加线性增加。Ce 掺杂诱导系统产生从非磁向铁磁转变的磁相变。

表 7.2　$Sr_{1-x}Ce_xTiO_3$ 的原子磁矩和总磁矩

x	原子位置	原子磁矩/μ_B	总磁矩/μ_B
0	Ti	0	0
0.125	Ti	0.154	1.91
	Ce	0.979	
0.25	Ti	0.277	3.845
	Ce	1.031	

7.3.2　电子结构

最后,研究了 $Sr_{1-x}Ce_xTiO_3$ 的电子结构。当前的计算给出了绝缘的 $SrTiO_3$ 基态和导电的 $Sr_{1-x}Ce_xTiO_3$($x=0.125,0.25$)(见表 7.1 和图 7.2)基态,和已有的实验事实符合。图 7.2 给出了 $Sr_{1-x}Ce_xTiO_3$ 的总态密度和 Ti、O、Ce 原子的分波态密度。由于 Sr 原子的分波态密度对导带、价带和金属性都没有贡献,所以这里没有画出来。所有态密度的能量范围都是在 -10 eV 到 5 eV 之间,费米面在 $x=0$ eV 的位置。

众所周知,室温下 $SrTiO_3$ 是非磁绝缘体,这和当前的计算结果是一致的。图 7.2(a)给出了 $SrTiO_3$ 的总态密度和 Ti、O 原子分波态密度。由于 $SrTiO_3$ 表现出非磁性,表 7.2 给出的总磁矩和原子磁矩都为 0,所以图 7.2(a)中 $SrTiO_3$ 的态密度图是轴对称的。-10 eV 到 5 eV 之间范围内 $SrTiO_3$ 态密度由两部分构成,占据的 $SrTiO_3$ 态密度主要是由 Ti 3d 和 O 2p 带构成,未占据的 $SrTiO_3$ 态密度由 Ti 3d 带和少部分的 O 2p 带构成。价带顶由 O 2p 态构成,导带底由 Ti 3d 构成,2.35 eV 带隙在价带和导带之间打开。这些结果与前人的实验[2]结果一致。

随着 Ce 掺入 $Sr_{1-x}Ce_xTiO_3$,系统的导电性发生了变化。由图 7.2(b)和(c)可以看出,$Sr_{0.875}Ce_{0.125}TiO_3$ 和 $Sr_{0.75}Ce_{0.25}TiO_3$ 都表现出半金属行为。Ce 掺杂 $SrTiO_3$ 导致费米面上移,$Sr_{1-x}Ce_xTiO_3$ 的 Ti 3d 和 Ce 4f 自旋上带跨越费米面,系统产生半金属性。金属性的贡献主要来自费米面附近的 Ti 3d 和 Ce 4f 带。Ce 掺杂导致 $Sr_{1-x}Ce_xTiO_3$ 在 $x=0.125$ 时产生绝缘体-半金属转变。Ce 4f 和 Ti 3d 带之间、Ti 3d 和 O 2p 带之间都有杂化发生,这与 Ce—Ti 和 Ti—O 有关。由表 7.1、表 7.2 和图 7.1、图 7.2 可以看出,Ce 掺杂导致 $Sr_{1-x}Ce_xTiO_3$ 的 Ti—O 键长变长,Ti—O—Ti 键角减小,晶格畸变增加,系统的半金属性和铁磁性也随之产生。如图 7.2(b)和(c)所示,随着 Ce 含量的增加,$Sr_{1-x}Ce_xTiO_3$ 在费米面附近的态密度逐渐增大,在 $x=0,0.125,0.25$ 时的总态密度大小分别为 0 eV、9.18 eV 和 15.19 eV。这说明随着 Ce 含量的增加 $Sr_{1-x}Ce_xTiO_3$ 的导电性逐渐增强。实验上证实了随着 Ce 含量增加,$Sr_{1-x}Ce_xTiO_3$ 载流子浓度逐渐提高[13]。对比表 7.1、表 7.2 磁性与图 7.2 电性计算结果发现,Ce 掺杂诱导 $Sr_{1-x}Ce_xTiO_3$ 的半金属性和铁磁性同时增强,铁磁性伴随着半金属性产生而产生,这意味着 $Sr_{1-x}Ce_xTiO_3$ 中铁磁性的产生符合铁磁的 RKKY 相互作用机制[18]。

此外,以上结果还可以很好地解释 $Sr_{1-x}Ce_xTiO_3$ 在固体氧化物燃料电池上的应用。如图 7.2 所示,未掺杂的 $SrTiO_3$ 是带隙绝缘体,随着 Ce 的掺入,Ti 3d 带和 Ce 4f 带产生了巡游的导电电子,费米面上移 $Sr_{1-x}Ce_xTiO_3$ 产生了良好的导电性,导电性随着 Ce 含量增加逐渐增强,这使得 $Sr_{1-x}Ce_xTiO_3$ 可以作为固体燃料电池的阳极材料,在固体燃料电池上有很好的应用。

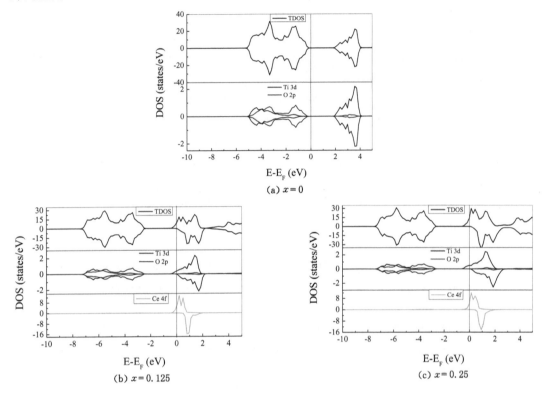

图 7.2 $Sr_{1-x}Ce_xTiO_3$ 基态的总态密度和分波态密度

7.4 结论

采用密度泛函理论的 GGA+U 的方法,我们计算了 $Sr_{1-x}Ce_xTiO_3$ 的晶体结构和电磁性质,获得了如下结果:随着 Ce 掺杂量增加,$Sr_{1-x}Ce_xTiO_3$ 的晶格参数、晶胞体积、Ti—O 键长都增大。计算结果表明,$SrTiO_3$ 是非磁绝缘体,这和前人的实验是一致的。$Sr_{1-x}Ce_xTiO_3$ 是铁磁半金属,随着 Ce 含量的增加,系统的半金属性和铁磁性增强。在 $x=0.125$ 时,$Sr_{1-x}Ce_xTiO_3$ 中出现了非磁绝缘体向铁磁半金属的相转变,这使得 $Sr_{1-x}Ce_xTiO_3$ 在磁存储器件上可以有重要应用。

参考文献

[1] TRABELSI H, BEJAR M, DHAHRI E, et al. Effect of the oxygen deficiencies creation on the suppression of the diamagnetic behavior of $SrTiO_3$ compound[J]. Journal of alloys and compounds, 2016, 680:560-564.

[2] NOLAND J A. Optical absorption of single-crystal strontium titanate[J]. Physical review, 1954, 94(3):724.

[3] GU Y, XU S, WU X. Gd-doping-induced insulator-metal transition in SrTiO$_3$[J]. Solid state communications,2017,250:1-4.

[4] LIN X,RISCHAU C W,VAN DER BEEK C J,et al. S-wave superconductivity in optimally doped SrTi$_{1-x}$Nb$_x$O$_3$ unveiled by electron irradiation[J]. Physical review B,2015,92(17):174504.

[5] KANASUGI S,YANASE Y. Multiorbital ferroelectric superconductivity in doped SrTiO$_3$[J]. Physical review B,2019,100(9):094504.

[6] WANG L, PAN W, HU W X, et al. Strain-induced indirect-to-direct bandgap transition in an np-type LaAlO$_3$/SrTiO$_3$(110) superlattice[J]. Physical chemistry chemical physics:PCCP,2019,21(13):7075-7082.

[7] KLIMIN S N, TEMPERE J, VAN DER MAREL D, et al. Microscopic mechanisms for the Fermi-liquid behavior of Nb-doped strontium titanate[J]. Physical review B,2012,86(4):045113.

[8] LIN X,GOURGOUT A,BRIDOUX G,et al. Multiple nodeless superconducting gaps in optimally doped SrTi$_{1-x}$Nb$_x$O$_3$[J]. Physical review B, 2014, 90(14):140508.

[9] LIU Z Q,LEUSINK D P,WANG X,et al. Metal-insulator transition in SrTiO$_{3-x}$ thin films induced by frozen-out carriers[J]. Physical review letters,2011,107(14):146802.

[10] JANG H,BRENDT J,PATRO L N,et al. Unexpected thermoelectric behavior and immiscibility of the allegedly complete solid solution Sr(Ru$_{1-x}$Ti$_x$)O$_3$[J]. Physical review B,2014,89(14):144107.

[11] MOETAKEF P, CAIN T A. Metal-insulator transitions in epitaxial Gd$_{1-x}$Sr$_x$TiO$_3$ thin films grown using hybrid molecular beam epitaxy[J]. Thin solid films,2015,583:129-134.

[12] SUTHIRAKUN S, AMMAL S C, XIAO G L, et al. Density functional theory study on the electronic structure of n- and p-type doped SrTiO$_3$ at anodic solid oxide fuel cell conditions[J]. Physical review B,2011,84(20):205102.

[13] YAMADA Y F, OHTOMO A, KAWASAKI M. Parallel syntheses and thermoelectric properties of Ce-doped SrTiO$_3$ thin films[J]. Applied surface science,2007,254(3):768-771.

[14] CUMMING D J, KHARTON V V, YAREMCHENKO A A, et al. Electrical properties and dimensional stability of Ce-doped SrTiO$_{3-\delta}$ for solid oxide fuel cell applications[J]. Journal of the American ceramic society, 2011, 94(9):2993-3000.

[15] KRESSE G,FURTHMÜLLER J. Efficient iterative schemes forab initiototal-energy calculations using a plane-wave basis set[J]. Physical review B,1996,54(16):11169-11186.

[16] KRESSE G, JOUBERT D. From ultrasoft pseudopotentials to the projector

augmented-wave method[J]. Physical review B,1999,59(3):1758-1775.

[17] WOLLAN E O, KOEHLER W C. Neutron diffraction study of the magnetic properties of the series of perovskite-type compounds $[(1-x)La,xCa]MnO_3$ [J]. Physical review,1955,100(2):545-563.

[18] XU S, GU Y N, WU X S. Structural, electronic and magnetic properties of a ferromagnetic metal: Nb-doped $EuTiO_3$ [J]. Journal of magnetism and magnetic materials,2020,497:166077.

第8章 Eu掺杂$La_{1-x}Eu_xGaO_3$的电子结构和磁性质

本章用广义梯度近似(GGA)方法研究了$La_{1-x}Eu_xGaO_3$($x=0$、0.25、0.5、0.75、1)的结构和电磁性质。自旋极化计算表明,$x\leqslant 0.5$时系统基态是反铁磁绝缘体,当$x>0.5$时是铁磁性半金属。磁性Eu离子取代非磁性La离子产生强自旋极化,这有力地促使系统从绝缘体向半金属转变。

8.1 引言

镓氧化物因其特定的物理性质以及在器件上潜在的广泛应用前景,引起了越来越多研究者的持续关注。$LaGaO_3$属于镓氧化物的一种,它最适合作固体氧化物燃料电池(SOFC)中的电解质材料[1-5]。此外,$LaGaO_3$还在发光材料[6-9]和热传感器[10]等方面有潜在的应用。

室温下,$LaGaO_3$晶体具有$GdFeO_3$型扭曲的ABO_3钙钛矿结构,它的空间群为Pbnm[11],扭曲后的GaO_6八面体不能对齐地沿着晶胞轴排列。A位上替代镧离子对$LaGaO_3$的结构和物理性能具有重要的影响。Liu等[12]报道了Eu和Dy掺杂$LaGaO_3$作为场发射显示器纳米荧光粉的光致发光特性。Sood等[13]研究了Ca掺杂的$La_{1-x}Ca_xGaO_{3-\delta}$($x=0$、0.05、0.1、0.15、0.2)的光、热、电等物理性质。研究表明,作为电极的$La_{0.9}Ca_{0.1}GaO_{3-\delta}$在掺杂的系统中表现出最高的导电性。他们[14]还研究了Ba掺杂$La_{1-x}Ba_xGaO_{3-\delta}$的结构和电性特征,研究表明,晶体的颗粒尺寸随着Ba掺杂量增加而减小,800 ℃时,$La_{0.85}Ba_{0.15}GaO_{3-\delta}$具有最佳的导电性。Belkhiria等[8]通过溶胶凝胶方法合成Sr掺杂的$LaGaO_3$多晶样品并研究其结构和光学属性。Rietveld(里特沃尔德)精修结果显示$La_{0.63}Sr_{0.21}Ga_{0.95}O_{2.68}$作为一个主要的相稳定在六方结构上,而杂质相$La_4Ga_2O_9$是单斜结构,光学属性结果显示$La_{0.63}Sr_{0.21}Ga_{0.95}O_{2.68}$在光致发光上有非常好的潜在应用[8]。此外,人们还研究了Ce[7]、Yb[15-16]掺杂$LaGaO_{3-\delta}$的光致发光特性以及Pr、Nd掺杂$LaGaO_{3-\delta}$的热属性[17]。这些研究大多集中在光致发光、电和热性质的实验研究上。对于Ln^{3+}掺杂$LaGaO_3$(Ln为稀土元素)的电子结构和电磁性理论的研究几乎没有。理论研究对实验工作具有重要的预言作用和指导意义。

本章使用广义梯度近似方法(GGA)研究了$La_{1-x}Eu_xGaO_3$($0\leqslant x\leqslant 1$)的结构和电磁性质,确定了晶胞结构的稳定性,预言了$La_{1-x}Eu_xGaO_3$从反铁磁(AFM)绝缘体向铁磁(FM)半金属的转变,未来的实验可以进一步验证本研究的预言。

8.2 计算方法

采用广义梯度近似方法和PAW[18],通过第一性原理模拟软件包(VASP)[19-20]对$La_{1-x}Eu_xGaO_3$($x=0$、0.25、0.5、0.75、1)进行第一性原理计算。为了研究$La_{1-x}Eu_xGaO_3$的结构和电磁性质。首先,我们计算了20个原子的$LaGaO_3$和$EuGaO_3$晶胞的电子结构。

然后构建了一个由 40 个原子组成的 $\sqrt{2}\times\sqrt{2}\times 1$ 的 LaGaO$_3$ 超晶胞,尺寸如图 8.1 所示。考虑 La$_{1-x}$Eu$_x$GaO$_3$ 的各种可能的位置替代和磁结构,并评估每个测试结构总能量,以能量最低的结构为基态。计算过程中,优化了每个测试结构的原子坐标和晶格参数。Hellman-Feynman 力收敛于小于 1 meV/Å,两次连续迭代的电子步能量差小于 1×10^{-5} eV。电子平面波截止能值为 500 eV,40 个原子的超胞计算使用 M 为中心的 $5\times 5\times 5$ k 点进行计算。$x=0.25$ 时,图 8.1 中用 Eu 原子取代 La2、La6 原子的结构总能量最低;$x=0.5$ 时,用 Eu 原子取代 La2、La3、La6 和 La7 原子的结构总能量最低;$x=0.75$,用 Eu 原子取代 La2、La3、La4、La6、La7、La8 原子的结构总能量最低。

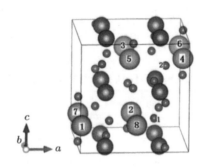

图 8.1 钙钛矿结构 LaGaO$_3$ 的 40 原子超晶胞

8.3 结果与讨论

8.3.1 LaGaO$_3$ 和 EuGaO$_3$

首先,优化了 20 个原子的 LaGaO$_3$ 和 EuGaO$_3$ 晶胞的晶体结构。LaGaO$_3$ 和 EuGaO$_3$ 是典型的正交结构,空间群为 Pbnm,如图 8.2 所示的晶体结构图。LaGaO$_3$ 的原子位置坐标分别为 La($-0.0047,-0.0168,0.25$)、Ga($0.5,0,0$)、O1($0.2705,0.2714,0.5365$)、O2($0.0681,0.5078,0.25$)。表 8.1 列出了 LaGaO$_3$ 和 EuGaO$_3$ 晶胞实验和理论的晶格参数 a、b、c,晶胞体积,基态和带隙。实验上 LaGaO$_3$ 的晶格参数和晶胞体积分别为 $a=5.526$ Å,$b=5.473$ Å,$c=7.767$ Å[21],$V=234.9$ Å^3,计算得到 LaGaO$_3$ 的晶格参数为 $a=5.58051$ Å,$b=5.56049$ Å,$c=7.85274$ Å,$V=243.67343$ Å^3。实验上 EuGaO$_3$ 的晶格参数和晶胞体积分别为 $a=5.351$ Å,$b=5.528$ Å,$c=7.628$ Å[21],$V=225.6$ Å^3,计算得到 LaGaO$_3$ 的晶格参数为 $a=5.42866$ Å,$b=5.52864$ Å,$c=7.74205$ Å,$V=232.36297$ Å^3。当前 LaGaO$_3$ 和 EuGaO$_3$ 晶格参数的计算值比实验值大 1% 左右,体积大 2%~3%。众所周知,在使用广义梯度近似(GGA)方法中,晶胞体积可能会被多估计 2%~3%[19]。因此,计算得到 LaGaO$_3$ 和 EuGaO$_3$ 的晶格参数和空间群符合实验结果[21-24]。

表 8.2 给出了 LaGaO$_3$ 和 EuGaO$_3$ 的 A 型反铁磁(A-AFM)、G 型反铁磁(G-AFM)、C 型反铁磁(C-AFM)、铁磁(FM)和非磁态(NM)相对于能量最低磁基态分子式单元的总能量差。LaGaO$_3$ 的各种磁结构计算过程中都收敛于非磁结构,这说明 LaGaO$_3$ 的非磁基态非

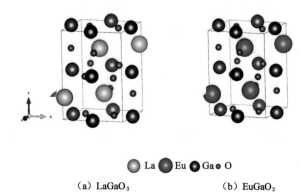

(a) LaGaO₃ (b) EuGaO₃

图 8.2 晶体结构图

表 8.1 LaGaO₃ 和 EuGaO₃ 的晶格参数、带隙、磁基态

	LaGaO₃		EuGaO₃	
	实验[21]	本工作	实验[21]	本工作
a/Å	5.526	5.580 51	5.351	5.428 66
b/Å	5.473	5.560 49	5.528	5.528 64
c/Å	7.767	7.852 74	7.628	7.742 05
V/Å³	234.9	243.673 43	225.6	232.362 97
带隙/eV		4.19		0
磁基态		非磁		铁磁

常稳定。根据表 8.2，EuGaO₃ 的 A、G 和 C 型反铁磁结构及非磁结构的总能量比铁磁高，每个分子式单元分别高 0.045 eV、0.051 eV、0.050 eV、4.93 eV，这意味着正交的 EuGaO₃ 的基态是铁磁结构。

表 8.2 LaGaO₃ 和 EuGaO₃ 的 A 型反铁磁(A-AFM)、G 型反铁磁(G-AFM)、C 型反铁磁(C-AFM)、铁磁(FM) 和非磁态(NM)相对于能量最低磁基态每分子式单元的总能量差 单位:eV/f.u.

	A-AFM	G-AFM	C-AFM	FM	NM
EuGaO₃	0.045	0.051	0.050	0	4.93
LaGaO₃	收敛于 NM				0

图 8.3 给出了 LaGaO₃ 和 EuGaO₃ 的总态密度(TDOS)和分波态密度(PDOS)。众所周知，LaGaO₃ 是绝缘体，这与本研究中态密度的计算结果一致。图 8.3(a)中，O 的 2p 轨道带位于 -7.5 eV 和 -0.3 eV 之间，La 的 4f 轨道带位于 3.89 eV 到 4.80 eV 之间。O 2p 和 La 4f 轨道之间有明显的杂化现象。价带由 O 2p 态 π 轨道组成，导带主要由 La 4f 轨道组成，带隙值约 4.19 eV，与之前的理论结果一致[25]。

和 LaGaO₃ 电子结构特征不一样，EuGaO₃ 表现出半金属特征，见图 8.3(b)。自旋向上的 O 2p 和 Eu 4f 跨越了费米面，导致出现铁磁半金属的 $EuGaO_3$ 基态，这和前人的理论计算结果一致[26]。O 的 2p 带穿过费米面位于 -6.5 eV 到 0.46 eV 之间。Eu 的主峰自旋上位在 -1.71 eV 至 0.46 eV 之间，自旋下位在 3.7 eV 的位置。$EuGaO_3$ 的自旋上带跨越费米能级，而自旋下带低于费米能级，产生了一个半金属铁磁基态。费米能级附近的带主要由 O 2p 态和 Eu 4f 态构成。

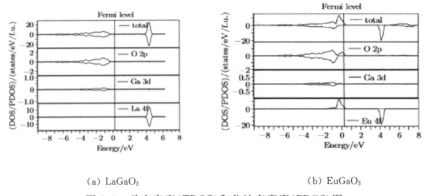

(a) $LaGaO_3$ (b) $EuGaO_3$

图 8.3 总态密度（TDOS）和分波态密度（PDOS）图

8.3.2 $La_{1-x}Eu_xGaO_3$ 的晶体结构

图 8.1 所示是由 40 个原子组成的 $LaGaO_3$ 超晶胞结构图，掺杂是在这个 $LaGaO_3$ 超晶胞基础上进行的，计算掺杂过程同时优化了晶胞的对称性、晶格常数和原子坐标。图 8.4 给出了 $La_{1-x}Eu_xGaO_3$ 单位晶胞体积随 Eu 掺杂量 x 的变化关系，表 8.3 给出了不同 x 的计算结构参数。$La_{1-x}Eu_xGaO_3$ 晶体结构在 $x=0$ 和 1 时空间群为 Pbnm，而在 $x=0.25$、0.5 和 0.75 时空间群为 P21/m。这里晶胞的空间群是通过 FINDSYM 程序来确定的。晶胞体积、键长 $d_{(Eu1-O1)}$ 和 $d_{(La5-O2)}$ 随着 Eu 掺杂量 x 的增加而线性减小，主要是由于 Eu^{3+}（0.95 Å）的离子半径小于 La^{3+}（1.06 Å）的离子半径。这可以根据 Vegard（费伽德）定律[27]来理解。

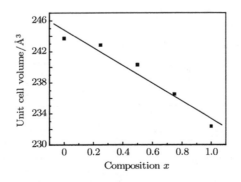

图 8.4 $La_{1-x}Eu_xGaO_3$ 中计算单位晶胞体积随掺杂量 x 的变化

表 8.3　$La_{1-x}Eu_xGaO_3$ ($x=0,0.25,0.5,0.75,1$) 的计算晶体结构参数和总磁矩

x	0	0.25	0.5	0.75	1
空间群	Pbnm(62)	P21/m(11)	P21/m(11)	P21/m(11)	Pbnm(62)
a/Å	5.580 51	5.571 58	5.538 77	5.503 03	5.428 66
b/Å	5.560 49	5.548 33	5.548 25	5.537 30	5.528 64
c/Å	7.852 74	7.855 38	7.820 58	7.762 44	7.742 05
V/Å³	243.673 43	242.833 08	240.330 18	236.536 5	232.362 97
$d_{(Eu1-O1)}$/Å	0	2.389 08	2.372 74	2.354 23	2.340 54
$d_{(La5-O2)}$/Å	3.190 08	3.187 76	3.172 79	3.152 93	0
$\mu_T/(\mu_B/f.u.)$	0	0	0	4.484 00	5.977 75

8.3.3　$La_{1-x}Eu_xGaO_3$ 的电子结构

GGA 计算结果表明，当 $x \leqslant 0.5$ 时，$La_{1-x}Eu_xGaO_3$ 的基态为绝缘体，但 $x>0.5$ 时则为半金属。图 8.5 所示是 $La_{1-x}Eu_xGaO_3$ 的总态密度和 Eu、Ga、O、La 的分波态密度（TDOS），带分解电荷密度如图 8.6 所示。本研究考虑的态密度能量范围介于 -9 eV 至 8 eV 之间，主要关注 La 的 4f 轨道、Eu 的 4f 轨道和 O 的 2p 轨道。$LaGaO_3$ 和 $EuGaO_3$ 前面已经分析了，这里不再详细讨论。

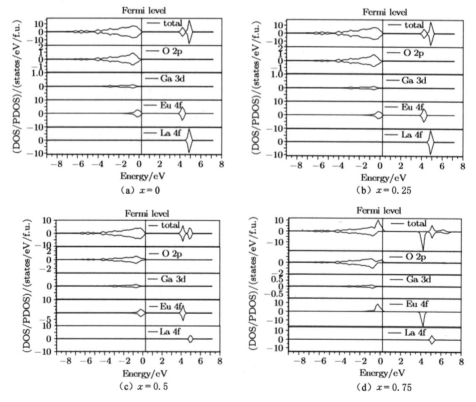

图 8.5　$La_{1-x}Eu_xGaO_3$ 的总态密度和分波态密度

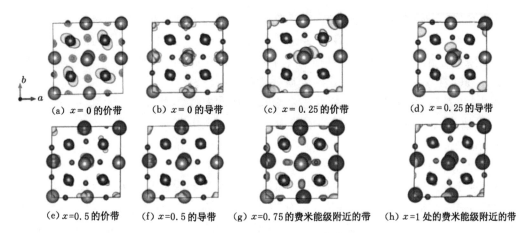

(a) $x=0$ 的价带　　(b) $x=0$ 的导带　　(c) $x=0.25$ 的价带　　(d) $x=0.25$ 的导带

(e) $x=0.5$ 的价带　(f) $x=0.5$ 的导带　(g) $x=0.75$ 的费米能级附近的带　(h) $x=1$ 处的费米能级附近的带

注：由于 $x=0.75$、1 是半金属，这里给出了它们费米面附近的带分解电荷密度。

图 8.6　带分解电荷密度

对于 $x=0.25$ 的 $La_{1-x}Eu_xGaO_3$，见图 8.5(a)，O 的自旋上和自旋下主要的峰位于 -6.5 eV 至 0.20 eV 之间，Eu 4f 带的分别位于 1.32 eV 至 0.30 eV 之间和 3.82 eV 至 4.55 eV 之间。正如图 8.6(c) 和 8.6(d) 所示，价带由 O 2p π 轨道和 Eu 4f δ 轨道组成，导带由 Eu 4f π 轨道组成，产生了带隙为 3.52 eV 的绝缘基态。

对于 $x=0.5$ 的 $La_{1-x}Eu_xGaO_3$，见图 8.5(c)、图 8.6(e) 和 8.6(f)，价带由 O 2p 轨道和 Eu 的 4f 轨道构成，导带则由 Eu 的 4f 轨道构成。价带顶和导带底之间的带隙为 3.35 eV，产生了一个绝缘基态。由于 $La_{0.25}Eu_{0.25}GaO_3$ 和 $La_{0.5}Eu_{0.5}GaO_3$ 的基态是反铁磁(见表 8.4)，所以图 8.5(b) 和 8.5(c) 中自旋上和自旋下的态密度是对称的。

表 8.4　$La_{1-x}Eu_xGaO_3$ 的原子磁矩

掺杂量 x	位置	磁矩/μ_B	掺杂量 x	位置	磁矩/μ_B
0	La	0			
0.25	La1	0	0.75	La1	
	Eu1(La2)	-6.304		Eu1(La2)	6.284
	La3	0		Eu2(La3)	6.281
	La4	0		Eu3(La4)	6.302
	La5	0		La5	
	Eu2(La6)	6.304		Eu4(La6)	6.284
	La7	0		Eu5(La7)	6.281
	La8	0		Eu6(La8)	6.302
0.5	La1		1	Eu1(La2)	6.272
	Eu1(La2)	6.289		Eu2(La1)	6.272
	Eu2(La3)	6.289		Eu3(La3)	6.298
	La4			Eu4(La4)	6.298
	La5			Eu5(La5)	6.272
	Eu3(La6)	-6.289		Eu6(La6)	6.272
	Eu4(La7)	-6.289		Eu7(La7)	6.298
	La8			Eu8(La8)	6.298

注：括号中的原子表示 La 原子被替换的位置。

随着 Eu 掺杂浓度的进一步增加，$La_{1-x}Eu_xGaO_3$ 的态密度发生变化。对于 $x=0.75$，见图 8.5(d) 和图 8.6(g)，$La_{1-x}Eu_xGaO_3$ 跨越费米能级，自旋上的价带主要由 Eu 的 4f 带和 O 的 2p 带组成，而自旋向下价带主要由费米能级 E_F 下的 O 2p 态组成。根据态密度特征，$La_{1-x}Eu_xGaO_3$ 在 $x=0.75$ 时表现出半金属铁磁基态特征。

如图 8.2 所示，由于 $LaGaO_3$ 的总态密度和分波态密度在自旋上和自旋下带之间是对称的，而导致总磁矩为零。$LaGaO_3$ 的能隙为 4.19 eV，产生绝缘基态。如图 8.5(b) 和 8.5(c) 所示，非磁性 La^{3+} 离子被磁性的 Eu^{3+} 离子取代，态密度显示了自旋上和自旋下带之间的对称行为，因此化合物对应于反铁磁状态。由于存在能隙，$La_{1-x}Eu_xGaO_3$（$x=0.25$ 和 $x=0.5$）表现出绝缘特征。随着 x 进一步增加，由于最近邻和次近邻越来越多地被磁性 Eu^{3+} 离子占据，内部磁场出现并逐渐增强。内部磁场产生交换劈裂，导致自旋极化。自旋上带跨越费米面而自旋下带在费米面以下[见图 8.5(d) 和 8.2(b)]，$La_{1-x}Eu_xGaO_3$（$x>0.5$）显示了一个半金属铁磁基态。随着 x 增加，由磁性 Eu^{3+} 离子取代非磁性的 La^{3+} 离子促使系统从绝缘基态转变到半金属基态。

8.3.4 $La_{1-x}Eu_xGaO_3$ 的磁性

$La_{1-x}Eu_xGaO_3$ 的总磁矩和原子磁矩分别列于表 8.3 和表 8.4。$LaGaO_3$ 的总磁矩为 0。$La_{0.75}Eu_{0.25}GaO_3$ 磁结构是一种反铁磁态，其中 Eu1 位的磁矩为 $-6.304\ \mu_B$，然而 Eu2 位的磁矩为 $6.304\ \mu_B$（见表 8.4）。$La_{0.5}Eu_{0.5}GaO_3$ 的磁结构也是反铁磁状态，每个 Eu^{3+} 离子的磁矩都与最近邻的一个 Eu^{3+} 离子反平行排列。对于 $La_{0.25}Eu_{0.75}GaO_3$ 和 $EuGaO_3$，铁磁态拥有最低的能量，因而总磁矩不为 0。

在 La 含量较多的情况下，$La_{1-x}Eu_xGaO_3$（$0<x\leq0.5$）是反铁磁态，总磁矩（μ_T）等于 0。随着 Eu 含量不断增加，总磁矩迅速增加。$La_{0.25}Eu_{0.75}GaO_3$ 和 $EuGaO_3$ 具有铁磁结构。随着局域的 Eu 4f 电子的增加，Eu(4f)-O(2p) 杂化加强，加剧了交换分裂，并增加了系统的自旋磁化强度。交换劈裂的增加意味着 Eu 掺杂增强了 $La_{1-x}Eu_xGaO_3$（$x>0.5$）中铁磁性的 Stoner 机制的影响，这可能导致总磁矩的快速增加。因此，随着 x 的增加，$La_{1-x}Eu_xGaO_3$（$x>0$）从反铁磁态转变为铁磁态。

8.4 结论

本研究采用广义梯度近似的方法，分别研究了 $x=0$、0.25、0.5、0.75、1 时 $La_{1-x}Eu_xGaO_3$ 的电子结构和磁属性。$La_{1-x}Eu_xGaO_3$ 在 $0\leq x\leq1$ 范围内的单位晶胞体积随着 x 的增加而减小。计算结果表明：在 $x=0$、0.25 和 0.5 时，$La_{1-x}Eu_xGaO_3$ 表现为绝缘基态，在 $x>0.5$ 时表现为半金属基态。当 $0<x\leq0.5$ 时，$La_{1-x}Eu_xGaO_3$ 是反铁磁结构，但 $x>0.5$ 时则为铁磁结构。磁性 Eu^{3+} 离子代替非磁性 La^{3+} 离子促使系统从反铁磁绝缘体向铁磁半金属转变。

参考文献

[1] WU Y C, CHUANG W L. Electrical performance and structural analysis of

$La_{1-x}Ba_xGa_{0.8}Mg_{0.2}O_{3-\delta}$ solid electrolyte[J]. International journal of hydrogen energy,2013,38(28):12392-12403.

[2] WU Y C,LEE M Z. Properties and microstructural analysis of $La_{1-x}Sr_xGa_{1-y}Mg_yO_{3-\delta}$ solid electrolyte ceramic[J]. Ceramics international,2013,39(8):9331-9341.

[3] REIS S L,MUCCILLO E N S. Microstructure and electrical conductivity of fast fired Sr-and Mg-doped lanthanum gallate[J]. Ceramics international,2016,42(6):7270-7277.

[4] HWANG J, LEE H, LEE J-H, er al. Specific considerations for obtaining appropriate $La_{1-x}Sr_xGa_{1-y}Mg_yO_{3-\delta}$ thin films using pulsed-laser deposition and its influence on the performance of solid-oxide fuel cells[J]. Journal of power sources,2015,274:41-47.

[5] WANG S F,LU H C,HSU Y F,et al. Solid oxide fuel cells with (La,Sr)(Ga,Mg)$O_{3-\delta}$ electrolyte film deposited by radio-frequency magnetron sputtering[J]. Journal of power sources,2015,281:258-264.

[6] KAMAL C S, RAO T K V, SAMUEL T, et al. Blue to magenta tunable luminescence from $LaGaO_3:Bi^{3+},Cr^{3+}$ doped phosphors for field emission display applications[J]. RSC advances,2017,7(71):44915-44922.

[7] WATRAS A,PAZIK R,DEREŃ P J. Optical properties of Ce^{3+} doped ABO_3 perovskites (A=La,Gd,Y and B=Al,Ga,Sc)[J]. Journal of luminescence,2013,133:35-38.

[8] BELKHIRIA F,RHOUMA F I H,HCINI S,et al. Polycrystalline $La_{0.8}Sr_{0.2}GaO_3$ perovskite synthesized by Sol-Gel process along with temperature dependent photoluminescence[J]. Journal of luminescence,2017,181:1-7.

[9] SINGH P,CHOUDHURI I,RAI H M,et al. Fe doped $LaGaO_3$:good white light emitters[J]. RSC advances,2016,6(102):100230-100238.

[10] TOULEMONDE O, DEVOTI A, ROSA P, et al. Probing Co- and Fe-doped $LaMO_3$(M=Ga,Al) perovskites as thermal sensors[J]. Dalton transactions,2018,47(2):382-393.

[11] MARTI W,FISCHER P,ALTORFER F, et al. Crystal structures and phase transitions of orthorhombic and rhombohedral $RGaO_3$ (R=La,Pr,Nd) investigated by neutron powder diffraction[J]. Journal of physics: condensed matter,1994,6(1):127-135.

[12] LIU X M,LIN J. Dy^{3+}- and Eu^{3+}-doped $LaGaO_3$ nanocrystalline phosphors for field emission displays[J]. Journal of applied physics,2006,100(12):124306.

[13] SOOD K, SINGH K, BASU S, et al. Optical, thermal, electrical and morphological study of $La_{1-x}Ca_xGaO_{3-\delta}$($x$=0,0.05,0.10,0.15 and 0.20) electrolyte[J]. Journal of the European ceramic society,2016,36(13):3165-3171.

[14] SOOD K,SINGH K,PANDEY O P. Structural and electrical behavior of Ba-doped $LaGaO_3$ composite electrolyte[J]. Journal of renewable and sustainable

energy,2014,6(6):063112.

[15] YANG H K,MOON B K,CHOI B C,et al. Up-converted luminescence in Yb, Tm co-doped LaGaO$_3$ phosphors by high-energy ball milling and solid state reaction[J]. Solid state sciences,2012,14(2):236-240.

[16] YANG H K,OH J H,MOON B K,et al. Photoluminescent properties of near-infrared excited blue emission in Yb, Tm co-doped LaGaO$_3$ phosphors[J]. Ceramics international,2014,40(8):13357-13361.

[17] PARVEEN A,GAUR N K. Effect of A-site doping on thermal properties of LaGaO$_3$[J]. Solid state sciences,2012,14(7):814-819.

[18] KRESSE G,JOUBERT D. From ultrasoft pseudopotentials to the projector augmented-wave method[J]. Physical review B,1999,59(3):1758-1775.

[19] KRESSE G,FURTHMÜLLER J. Efficient iterative schemes forab initiototal-energy calculations using a plane-wave basis set[J]. Physical review B,1996,54 (16):11169-11186.

[20] KRESSE G,HAFNER J. Ab initiomolecular dynamics for liquid metals[J]. Physical review B,1993,47(1):558-561.

[21] MAREZIO M,REMEIKA J P,DERNIER P D. Rare earth orthogallates[J]. Inorganic chemistry,1968,7(7):1337-1340.

[22] BERKOWSKI M,FINK-FINOWICKI J,BYSZEWSKI P,et al. Growth and structural investigations of La$_{1-x}$Pr$_x$GaO$_3$ solid solution single crystals[J]. Journal of crystal growth,2001,222(1/2):194-201.

[23] KNIGHT K S. Low temperature thermoelastic and structural properties of LaGaO$_3$ perovskite in the Pbnm phase[J]. Journal of solid state chemistry,2012, 194:286-296.

[24] DHAK P,PRAMANIK P,BHATTACHARYA S,et al. Structural phase transition in lanthanum gallate as studied by Raman and X-ray diffraction measurements[J]. Physica status solidi (b),2011,248(8):1884-1893.

[25] RÉBOLA A,FONG D D,EASTMAN J A,et al. First-principles study of compensation mechanisms in negatively charged LaGaO$_3$/MgAl$_2$O$_4$ interfaces [J]. Physical review B,2013,87(24):245117.

[26] AHMAD DAR S,SRIVASTAVA V,SAKALLE U K,et al. Ab initio investigation on electronic, magnetic, mechanical, and thermodynamic properties of AMO$_3$(a = Eu,M = Ga,In) perovskites[J]. Journal of superconductivity and novel magnetism,2018,31(5):1549-1558.

[27] DENTON A R,ASHCROFT N W. Vegard's law[J]. Physical review A,1991, 43(6):3161-3164.

第9章 基于杂化密度泛函计算的Mott绝缘 $Y_{1-x}La_xTiO_3$ 的结构和电磁性质

本章用杂化密度泛函方法研究了 $x=0$、0.25、0.5、0.75 和 1 的 Mott 绝缘 $Y_{1-x}La_xTiO_3$ 的结构和电磁性质。$Y_{1-x}La_xTiO_3$ 稳定于正交钙钛矿结构。随着 x 的增加,晶格参数和单胞体积几乎呈线性增加。$Y_{1-x}La_xTiO_3$ 在 $x=0$ 和 0.25 时为铁磁绝缘体,在 $x=0.5$ 和 0.75 时为 A 型反铁磁绝缘体,在 $x=1$ 时为 G 型反铁磁绝缘体。自旋玻璃预测出现在 $0.25<x\leqslant0.5$ 之间。计算得到的 $Y_{1-x}La_xTiO_3$ 的晶格参数、带隙和磁基态与实验数据吻合良好。Ti—O—Ti 键角随着 x 的增加而增加,可是反铁磁和铁磁态之间的总能量差则减小,直至小于 0 meV。$GdFeO_3$ 型畸变的减小对铁磁-反铁磁相变非常有利。本研究再现了 Mott 绝缘 $Y_{1-x}La_xTiO_3$ 的结构、电磁性质,并解释了实验观察到的磁相变。

9.1 引言

钙钛矿型钛酸盐 $RTiO_3$(R 为稀土元素和 Y)是一类极有吸引力的材料,它表现出不同的物理性质,包括自旋、轨道、晶格和电荷自由度之间的强耦合。由于这些材料有丰富的物理性质,如绝缘体-金属转变[1]、磁相变[2-3]、超导性[4]、极化金属[5]、铁电性[6]、多铁性[7]、反常霍尔效应[8]、二维电子气[9-10]等,它们已经引起了人们的广泛关注。

钙钛矿型 Ti 氧化物被认为是可用于理解强关联电子物理的重要材料。轨道和磁性的耦合是这个领域最有趣的话题之一[11]。Mott 绝缘 $RTiO_3$ 钙钛矿被视为研究和理解顺磁相中超交换相互作用的模型系统,铁磁(FM)序是否过渡到反铁磁(AFM)序[12-17]取决于容忍性因子的变化。当 $R=Y^{3+}$ 时,在 $YTiO_3$ 中,一个铁磁转变发生于 T_C 约为 27 K[18]。随着 R^{3+} 离子尺寸的增加,TiO_6 八面体的畸变减小,系统经历了从 $YTiO_3$ 中的铁磁(T_C 约为 27 K)到 $LaTiO_3$ 中的反铁磁(T_N 约为 140 K)的磁相变[17,19-20]。在 Ti 基固溶体 $Y_{1-x}La_xTiO_3$ 中,随着 La 浓度的增加,T_C 也出现类似的下降,随后 T_N 增加[21-23]。$YTiO_3$ 中的铁磁性被抑制,并且在临界浓度 x_c 约为 0.3 时开始出现反铁磁相[21]。LDA+DMFT 计算[24]表明,$Y_{1-x}La_xTiO_3$($x<0.2$)的多轨道电子相互作用和结构畸变是实现轨道极化的关键因素,La 替代 Y 使单粒子光谱重整化。尽管 $Y_{1-x}La_xTiO_3$ 一直是实验研究的主要对象[21-23],但除了 LDA+DMFT 计算[24]外,几乎没有关于 Y 掺杂 $LaTiO_3$ 或 La 掺杂 $YTiO_3$ 的第一性原理计算研究。$Y_{1-x}La_xTiO_3$ 中铁磁-反铁磁转变的潜在微观机制仍然是一个有待解决的问题,其玻璃态行为还远未被完全理解。对 $Y_{1-x}La_xTiO_3$ 电磁性质的进一步计算研究将是有益的。

本章在交换关联势的杂化泛函中引入了一个优化的混合参数,用 PBE0 杂化泛函[25-26]通过第一性原理计算 $Y_{1-x}La_xTiO_3$ 的结构和电磁性质。用密度泛函理论(DFT)计算预测了 $Y_{1-x}La_xTiO_3$ 的晶格参数、带隙和磁性,与实验结果非常一致[27]。计算出的 $Y_{1-x}La_xTiO_3$ 的磁基态在 $x=0$ 和 0.25 时是铁磁绝缘体,$x=0.5$ 和 0.75 时是 A 型反铁磁(A-AFM)绝缘体,$x=1$ 时是 G 型反铁磁(G-AFM)绝缘体。随着 La 含量的增加,$GdFeO_3$ 型畸变减小,反铁磁和铁磁态之间的差异减小。GdFeO$_3$型畸变导致反铁磁-铁磁相变。计算结果为 Y$_{1-x}$La$_x$TiO$_3$的磁相变提供了理论依据。

9.2 计算方法

Y$_{1-x}$La$_x$TiO$_3$（0≤x≤1）的杂化密度泛函理论计算使用 VASP 模拟软件包[28]采用 PAW 方法[29]进行。使用调谐包含13％HF 的 PBE0 杂化泛函[25,30-31]处理电子关联。① 采用这些参数计算预测了 YTiO$_3$的绝缘铁磁基态,其能隙为 1.11 eV,这与实验[32]一致；② 正交 YTiO$_3$的晶格常数 $a=5.260$ Å,$b=5.708$ Å,$c=7.560$ Å,与实验值一致[27]。我们使用一个 3×3×2 M 中心的 k 点网格来优化包含 20 个原子的 Y$_{1-x}$La$_x$TiO$_3$单胞的结构,并使用一个 6×6×4 M 中心的 k 点网格来计算 Y$_{1-x}$La$_x$TiO$_3$的态密度（DOS）。Y$_{1-x}$La$_x$TiO$_3$（0≤x≤1）的所有晶格参数和原子位置都进行了充分优化。离子步收敛直到两个连续的离子步之间总能量差小于或等于 10^{-3} eV。电子步收敛于在连续电子步迭代之间小于或等于 10^{-4} eV。计算过程中平面波截止能为 400 eV。

9.3 结果与讨论

9.3.1 晶体结构

首先,优化了正交 YTiO$_3$和 LaTiO$_3$单胞,其结构数据来自 Zhou 等[27]的工作。如图 9.1 所示,空间群为 Pbnm[27]的 YTiO$_3$的一个晶胞与 LaTiO$_3$的晶胞相同,包含 4 个 Y 原子、4 个 Ti 原子和 12 个 O 原子。其次,对 La 掺杂的 YTiO$_3$进行了杂化泛函计算。为了重现实验观察到的物理性质,我们通过在 YTiO$_3$晶胞中用 La 原子替换不同的 Y 位来计算 Y$_{1-x}$La$_x$TiO$_3$（$x=0.25,0.5,0.75$）的电性和磁性。我们弛豫 Y$_{1-x}$La$_x$TiO$_3$的所有原子位置和晶格参数,让 La 取代 Y 位。根据对称性,4 个 Y 原子位置在 YTiO$_3$单胞中是等效的。因此,Y$_{1-x}$La$_x$TiO$_3$在 $x=0.25$ 和 0.75 时有一种结构,在 $x=0.5$ 时有三种不同类型的结构,即构型 A、B 和 C[见图 9.1(c)～(e)]。在 $x=0.5$ 的构型 A、B 和 C 中,用 La 替换的两个 Y 原子分别为（Y2,Y3）、（Y3,Y4）和（Y2,Y4）。与其他构型相比,构型 A 为 Y$_{0.5}$La$_{0.5}$TiO$_3$的能量最低。为了寻找磁基态,我们考虑了 Y$_{1-x}$La$_x$TiO$_3$（$x=0,0.25,0.5,0.75$）的 A-AFM、C-AFM、G-AFM 和 FM[33]四种磁结构,如图 9.2 所示。能量最低的磁有序是基态。Y$_{1-x}$La$_x$TiO$_3$的空间群,$x=0.25$、0.75 时为 Pm；在 $x=0.5$ 时构型 A、B、C 的空间群为 Pmc21、P21/m 和 Pmm21,这是通过 FINDSYM 软件来确定的[34]。

表 9.1 给出了前人实验和本研究中 Y$_{1-x}$La$_x$TiO$_3$（0≤x≤1）的晶格参数 a、b、c,晶胞体积 V 和 Ti—O—Ti 键角。图 9.3 给出了实验[27]和计算体积随掺杂 x 变化的关系。如表 9.1 所示,由于 Y^{3+}离子半径（1.04 Å）小于 La^{3+}离子半径（1.17 Å）,Y$_{1-x}$La$_x$TiO$_3$的晶格参数 a、b、c,晶胞体积 V 和 Ti—O—Ti 键角几乎随 x 的增加而线性增加。随着 La 离子含量的增加,晶体结构畸变逐渐较小,Ti—O—Ti 键角逐渐接近 180°。对比理论和实验结果,计算得到的 Y$_{1-x}$La$_x$TiO$_3$的晶格参数 a、b、c 和单位晶胞体积略小于实验[27]中的相应值,而变化趋势与实验结果一致。这是非常合理的,因为目前的计算模拟的是 0 K 下的原子,而不是

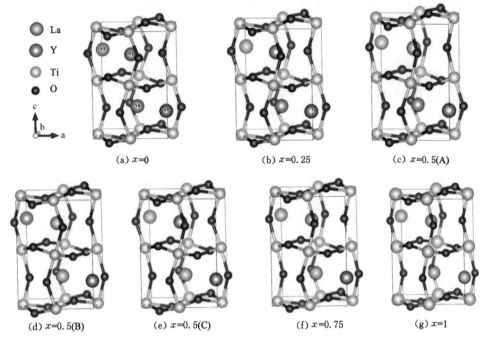

(a) $x=0$ (b) $x=0.25$ (c) $x=0.5(A)$

(d) $x=0.5(B)$ (e) $x=0.5(C)$ (f) $x=0.75$ (g) $x=1$

图 9.1　优化的体 $Y_{1-x}La_xTiO_3$ 晶体结构

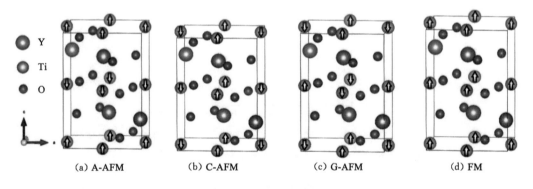

(a) A-AFM   (b) C-AFM   (c) G-AFM   (d) FM

图 9.2　磁结构示意图

有限的实验温度(有固定大小的温度)。

9.3.2　电子结构

图 9.4 给出了 $Y_{1-x}La_xTiO_3$ 的总态密度和 Ti 3d、O 2p 的分波态密度。由于导带主要来自 Ti 3d 态,价带来自 Ti 3d、O 2p 态,图 9.4 中未显示 Y 和 La 原子的分波态密度。考虑的能量窗口范围为 -10 eV 到 6.5 eV,费米能级位置为 0 eV。表 9.2 显示, $Y_{1-x}La_xTiO_3$ 的磁基态在 $0 \leqslant x \leqslant 0.25$ 时是 A 型铁磁绝缘体,在 $0.5 \leqslant x \leqslant 0.75$ 时是 A 型反铁磁绝缘体, $x=1$ 时是 G 反铁磁绝缘体,这与现有实验[18,23,27,34]一致。对于 $x=0.5$,电性和磁性的讨论主要考虑构型 A,因为构型 A、B 和 C 的物理性质几乎相同。

表 9.1 本工作和实验的 $Y_{1-x}La_xTiO_3(0 \leqslant x \leqslant 1)$ 的晶格参数 a、b、c，晶胞体积 V，Ti—O—Ti 键角的对比

x		a/Å	b/Å	c/Å	V/Å³	Ti—O1—Ti 键角/(°)	Ti—O2—Ti 键角/(°)
0	本工作	5.260	5.708	7.560	227.0	138.880	143.396
	实验[27]	5.341	5.686	7.621	231.4		
0.25	本工作	5.352	5.687	7.617	231.8	141.896	145.208
0.5(A)	本工作	5.445	5.644	7.756	238.4	146.402	146.991
0.5(B)	本工作	5.444	5.696	7.711	239.1	145.376	147.064
0.5(C)	本工作	5.425	5.686	7.675	236.7	145.615	147.285
0.5	实验[27]	5.451	5.662	7.743	239.0		
0.75	本工作	5.450	5.609	7.834	241.7	149.579	149.064
	实验[27]	5.570	5.633	7.864	246.8		
1	本工作	5.643	5.571	7.855	246.9	153.325	152.913
	实验[27]	5.663	5.613	7.942	251.1		

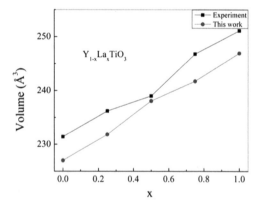

图 9.3 实验[27]和计算的 $Y_{1-x}La_xTiO_3$ 的晶胞体积随 La 掺杂量 x 的变化关系

实验上，$YTiO_3$ 是一种铁磁 Mott 绝缘体[27]，它在下 Hubbard 带（LHB）和上 Hubbard 带（UHB）之间打开了带隙，这与我们的计算结果一致。我们由杂化密度泛函理论计算得出的带隙为 1.11 eV，略大于 1.0 eV 的实验值[23]（见表 9.2），小于由 HSE、PBEsol 和 LDA-HSE06 计算得出的值[35-37]。如图 9.4(a)所示，Hubbard 带主要由 Ti 3d 轨道构成。LHB 完全来自自旋上带，自旋下带的能量更高，这意味着有铁磁的基态，与实验相符[18,27]。

随着 La 含量的增加，La 掺杂的 $YTiO_3$ 的一些特征与 $YTiO_3$ 开始表现出有所不同。如表 9.2 所示，$Y_{1-x}La_xTiO_3$ ($x=0.25,0.5,0.75$) 的带隙比 $YTiO_3$ 的带隙小或大。$Y_{1-x}La_xTiO_3$ 的自旋极化和交换劈裂在 $x \geqslant 0.5$ 处消失。在 $x \geqslant 0.5$ 时，总态密度和分波态密度是对称的，这是因为基态是反铁磁的。Ti 3d 和 O 2p 态的杂化在 $x \geqslant 0.5$ 时比 $x \leqslant 0.25$ 时要稍微弱一点。如图 9.4(b)~(d)所示，$Y_{1-x}La_xTiO_3$ ($x=0.25,0.5,0.75$) 是绝缘的，LHB 和 UHB 主要由 Ti 3d 态构成，这与实验结果一致[27]。光学反射率测量表明[23]，$Y_{1-x}La_xTiO_3$(0.1)中绝缘发生在 $0.1 \leqslant x \leqslant 0.8$ 范围内。

第9章 基于杂化密度泛函计算的 Mott 绝缘 $Y_{1-x}La_xTiO_3$ 的结构和电磁性质

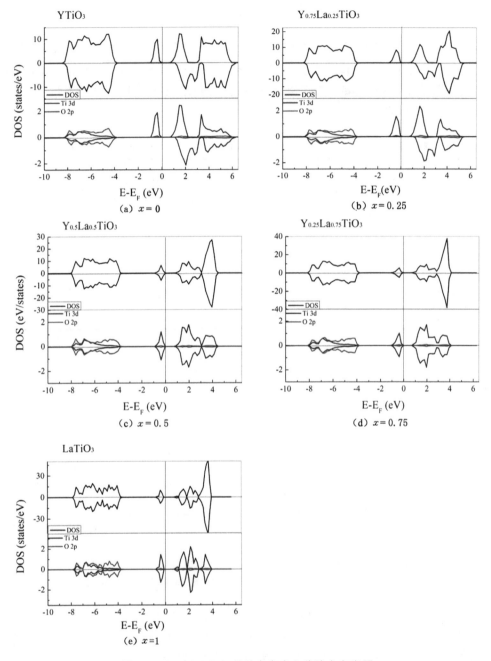

图 9.4 $Y_{1-x}La_xTiO_3$ 的总态密度和分波态密度图

图 9.4(e)给出了 $LaTiO_3$ 的总态密度和分波态密度。计算结果表明，$LaTiO_3$ 的带隙为 1.07 eV(见表 9.2)，大于 0.2 eV 的实验值[23]，小于 LDA-HSE06 和 PBEsol 计算值[35-36]。$LaTiO_3$ 在实验上是一种 G 型反铁磁 MOTT 绝缘体[34]。我们的计算不仅再现了 $LaTiO_3$ 中的绝缘性质，还再现了 G 型反铁磁基态的对称态密度。

9.3.3 磁基态

为了理解 $Y_{1-x}La_xTiO_3$ 中的磁相变,我们计算了 A-AFM、C-AFM、G-AFM 和 FM 态的总能量。表 9.2 给出了本工作和实验中 $Y_{1-x}La_xTiO_3$ 的磁基态。图 9.5 描绘了计算得出的每分子式单元(f.u.)的总能量差(AFM 和 FM 态之间)以及 $Y_{1-x}La_xTiO_3$ 中 Ti—O—Ti 键角随着 La 含量变化的函数关系。

表 9.2 来自理论计算和实验的 $Y_{1-x}La_xTiO_3$ ($0 \leqslant x \leqslant 1$) 的磁基态和带隙

x	磁基态				带隙/eV				
	实验	理论结果			实验	理论结果			
		本研究	LDA[37]	PBEsol[36]		本研究	HSE	PBEsol	LDA-HSE06
0	FM[18,27]	FM	FM	FM	1.0[23]	1.11	2.07[38]	2.2[36]	1.41[37]
0.25	FM[27]	FM				1.03			
0.5	AFM[27]	A-AFM				1.16			
0.75	AFM[27]	A-AFM				1.08			
1	G-AFM[35]	G-AFM	NM	G-AFM	0.2[23]	1.07		1.9[36]	1.74[37]

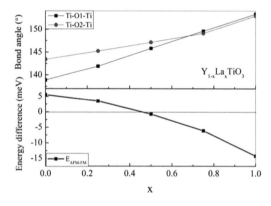

图 9.5 计算的 $Y_{1-x}La_xTiO_3$ ($0 \leqslant x \leqslant 1$) 的反铁磁和铁磁态之间每分子式单元总能量差以及 Ti—O—Ti 键角随 La 掺杂量 x 变化关系

如表 9.2 所示,$Y_{1-x}La_xTiO_3$ 的基态在 $x=0$ 和 0.25 时为铁磁态,在 $x=0.5$ 和 0.75 时为 A 型反铁磁态,在 $x=1$ 时为 G 型反铁磁态,这与现有实验非常一致[18,27,34]。$YTiO_3$ 中的 A-AFM、C-AFM 和 G-AFM 态的总能量分别比铁磁态高 5.5 meV/f.u.、22.2 meV/f.u. 和 90.0 meV/f.u.。未掺杂 $YTiO_3$ 的计算磁矩为 0.95 μ_B/f.u.,Ti 的原子磁矩为 0.91 μ_B/原子。随着 La 取代 Y,磁性开始发生变化。虽然磁基态为铁磁,但 $Y_{0.75}La_{0.25}TiO_3$ 的反铁磁和铁磁态之间的能量差(3.5 meV/f.u.)、总磁矩(0.93 μ_B/f.u.)和 Ti 原子磁矩(0.89 μ_B)略小于 $YTiO_3$ 的相应值。这意味着 La 替代 Y 会抑制 $Y_{1-x}La_xTiO_3$ 中的铁磁性。此外,在 $Y_{1-x}La_xTiO_3$ 中,在 $x=0.5$ 和 0.75 时出现 A 型反铁磁基态,在 $x=1$ 时出现 G 型反铁磁基态。当 $x=0.5$、0.75 和 1 时,Ti 的原子磁矩分别为 0.85 μ_B、0.82 μ_B 和 0.76 μ_B。据我们所知,这是 $Y_{0.5}La_{0.5}TiO_3$ 和 $Y_{0.25}La_{0.75}TiO_3$ 在理论上第一次被预言是 A 型反铁磁态。

$Y_{0.5}La_{0.5}TiO_3$ 反铁磁态和铁磁态之间的能量差（-0.88 meV/f.u.）非常小意味着反铁磁和铁磁态共存。也就是说 $Y_{0.5}La_{0.5}TiO_3$ 表现出自旋玻璃行为。根据我们的计算，$Y_{1-x}La_xTiO_3$ 的反铁磁和铁磁态可以在 $0.25<x\leq0.5$ 范围内共存，这已被实验证实[27]。$Y_{1-x}La_xTiO_3$ 实验上在 $0.4\leq x\leq0.6$[27] 范围内 T_N 以下是一个具有弱的倾斜自旋铁磁性的反铁磁态。

人们普遍认为 $GdFeO_3$ 型畸变主要控制 $Y_{1-x}La_xTiO_3$ 中晶格、轨道和自旋自由度的耦合[11]。为了进一步了解 $Y_{1-x}La_xTiO_3$ 中磁相变的机制，我们将计算的反铁磁和铁磁态之间的总能量差与图 9.5 中的 Ti—O—Ti 键角进行比较。最大畸变的 $YTiO_3$ 表现为铁磁基态。LDA+DMFT 计算[24]表明，多轨道电子相互作用和结构畸变是 $Y_{1-x}La_xTiO_3$（$x<0.2$）轨道极化的重要因素。$YTiO_3$ 和 $Y_{0.75}La_{0.25}TiO_3$ 通过 Hund（洪德）规则下耦合作用和电子转移来实现铁磁构型。$Y_{1-x}La_xTiO_3$ 中的晶体场将 Ti 3d 轨道分为两个能级，t_{2g} 轨道和 e_g 轨道。三重 t_{2g} 轨道中有一个轨道位于 Ti 原子中，另外两个轨道为空。一方面，$GdFeO_3$ 型畸变降低了对称性限制，使电子从三重 t_{2g} 轨道之一转移到相邻位置的另一轨道成为可能。另一方面，t_{2g} 和 e_g 轨道之间的间接 Ti 3d 电子转移随着畸变的减小而减小，这主要是由 O 2p 态的超转移相互作用所决定的。随着 La 含量的增加，$GdFeO_3$ 型畸变减小，Ti—O—Ti 键角增大，这削弱了相邻 e_g 轨道和 t_{2g} 轨道之间的间接杂化。如图 9.4 所示，$Y_{1-x}La_xTiO_3$ 在 $x\leq0.25$ 时的 Ti 3d 和 O 2p 态之间的杂化比 $x\geq0.5$ 时稍强。由于相邻 e_g 和 O 2p 轨道之间的杂化具有 σ 键特征，因此畸变增加了相邻 e_g 和 O 2p 轨道之间转移量值。随着 Ti—O—Ti 键角的增加，反铁磁态和铁磁态之间的总能量差先减小，接着小于 0 meV。这表明，Ti—O—Ti 键角的增加，对铁磁-反铁磁相变非常有利。因此，$Y_{1-x}La_xTiO_3$ 中一个自旋玻璃行为出现在 $0.25<x\leq0.5$ 时，反铁磁基态出现在 $0.75\leq x\leq1$ 时。

当前的计算结果很好地解释了实验观察到的 $Y_{1-x}La_xTiO_3$ 的磁相图。绝缘的 $YTiO_3$ 基态是有最大畸变的铁磁态。如图 9.5 所示，反铁磁和铁磁态之间的能量差随着 $GdFeO_3$ 型畸变的减小而减小，然后小于 0 meV。这意味着在 $Y_{1-x}La_xTiO_3$ 中，随着 x 的增加，铁磁性被抑制，反铁磁性将逐渐出现。实验上，T_C 在 $x\leq0.3$ 时随着 x 的增加逐渐降低，一个自旋玻璃行为出现在 $0.3<x\leq0.6$，反铁磁有序出现在 $0.6<x\leq1$[27]。$LaTiO_3$ 是一种 G 型反铁磁 Mott 绝缘体，其中自旋是反铁磁排列的[35]。

9.4 结论

我们使用杂化密度泛函方法研究了 $Y_{1-x}La_xTiO_3$ 的结构和电磁性质。我们成功地获得了和实验一致的整个系列 $Y_{1-x}La_xTiO_3$（$0\leq x\leq1$）的结构和电磁性质。一个反铁磁结构预测在 $0.5\leq x\leq0.75$ 范围内，$x=1$ 时是 G 反铁磁结构。由于 Y^{3+} 的半径小于 La^{3+} 的半径，$Y_{1-x}La_xTiO_3$ 中 La 含量的增加导致体积增大，晶格结构畸变减小。随着 Ti—O—Ti 键角的增大，铁磁态逐渐消失，反铁磁基态出现。目前的理论结果很好地解释了实验观察到的 $Y_{1-x}La_xTiO_3$ 中的磁相变。

参考文献

[1] HE C, SANDERS T D, GRAY M T, et al. Metal-insulator transitions in epitaxial $LaVO_3$ and $LaTiO_3$ films[J]. Physical review B, 2012, 86(8):081401.

[2] AKAHOSHI D, KOSHIKAWA S, NAGASE T, et al. Magnetic phase diagram for the mixed-valence Eu oxide $EuTi_{1-x}Al_xO_3$ ($0 \leqslant x \leqslant 1$)[J]. Physical review B, 2017, 96(18):184419.

[3] MO Z J, SUN Q L, HAN S, et al. Effects of Mn-doping on the giant magnetocaloric effect of $EuTiO_3$ compound[J]. Journal of magnetism and magnetic materials, 2018, 456:31-37.

[4] BISCARAS J, BERGEAL N, HURAND S, et al. Multiple quantum criticality in a two-dimensional superconductor[J]. Nature materials, 2013, 12(6):542-548.

[5] CAO Y, WANG Z, PARK S Y, et al. Artificial two-dimensional polar metal at room temperature[J]. Nature communications, 2018, 9(1):1547.

[6] WEI T, ZHOU Q J, YANG X, et al. Competition between quantum fluctuation and ferroelectric order in $Eu_{1-x}Ba_xTiO_3$[J]. Applied surface science, 2012, 258(10):4601-4606.

[7] CHEN L, XU C S, TIAN H, et al. Electric-field control of magnetization, jahn-teller distortion, and orbital ordering in ferroelectric ferromagnets[J]. Physical review letters, 2019, 122(24):247701.

[8] TAKAHASHI K S, ISHIZUKA H, MURATA T, et al. Anomalous Hall effect derived from multiple Weyl nodes in high-mobility $EuTiO_3$ films[J]. Science advances, 2018, 4(7):eaar7880.

[9] STORNAIUOLO D, CANTONI C, DE LUCA G M, et al. Tunable spin polarization and superconductivity in engineered oxide interfaces[J]. Nature materials, 2016, 15(3):278-283.

[10] CHANG Y J, MORESCHINI L, BOSTWICK A, et al. Layer-by-layer evolution of a two-dimensional electron gas near an oxide interface[J]. Physical review letters, 2013, 111(12):126401.

[11] MOCHIZUKI M, IMADA M. Orbital physics in the perovskite Ti oxides[J]. New journal of physics, 2004, 6:154.

[12] VARIGNON J, GRISOLIA M N, PREZIOSI D, et al. Origin of the orbital and spin ordering in rare-earth titanates[J]. Physical review B, 2017, 96(23):235106.

[13] SU Y T, SUI Y, CHENG J G, et al. Critical behavior of the ferromagnetic perovskites $RTiO_3$ (R=Dy, Ho, Er, Tm, Yb) by magnetocaloric measurements[J]. Physical review B, 2013, 87(19):195102.

[14] SOLOVYEV I V. Superexchange interactions in orthorhombically distorted titanates $RTiO_3$ (R=Y, Gd, Sm and La)[J]. New journal of physics, 2009, 11

(9):093003.

[15] KEIMER B, CASA D, IVANOV A, et al. Spin dynamics and orbital state in LaTiO$_3$[J]. Physical review letters,2000,85(18):3946-3949.

[16] ULRICH C, KHALIULLIN G, OKAMOTO S, et al. Magnetic order and dynamics in an orbitally degenerate ferromagnetic insulator[J]. Physical review letters,2002,89(16):167202.

[17] KOMAREK A C, ROTH H, CWIK M, et al. Magnetoelastic coupling in RTiO$_3$ (R=La, Nd, Sm, Gd, Y) investigated with diffraction techniques and thermal expansion measurements[J]. Physical review B, 2007, 75 (22), 224402.

[18] KNAFO W, MEINGAST C, BORIS A V, et al. Ferromagnetism and lattice distortions in the perovskite YTiO$_3$[J]. Physical review B,2009,79(5):054431.

[19] MOCHIZUKI M, IMADA M. Orbital physics in the perovskite Ti oxides[J]. New journal of physics,2004,6:154.

[20] KATSUFUJI T, TAGUCHI Y, TOKURA Y. Transport and magnetic properties of a Mott-Hubbard system whose bandwidth and band filling are both controllable: $R_{1-x}Ca_xTiO_{3+y/2}$[J]. Physical review B,1997,56(16):10145-10153.

[21] LI B, LOUCA D, NIEDZIELA J, et al. Lattice and magnetic dynamics in perovskite $Y_{1-x}La_xTiO_3$[J]. Physical review B,2016,94(22):224301.

[22] ZHAO Z Y, KHOSRAVANI O, LEE M, et al. Spin-orbital liquid and quantum critical point in $Y_{1-x}La_xTiO_3$[J]. Physical review B,2015,91(16):161106.

[23] OKIMOTO Y, KATSUFUJI T, OKADA Y, et al. Optical spectra in (La, Y)TiO$_3$: variation of Mott-Hubbard gap features with change of electron correlation and band filling[J]. Physical review B,1995,51(15):9581-9588.

[24] CRACO L, LEONI S, MÜLLER-HARTMANN E. Hidden orbital fluctuations in the solid solution $Y_{1-x}La_xTiO_3(x=0.2)$[J]. Physical review B, 2006, 74 (15):155128.

[25] XU S, SHEN X, HALLMAN K A, et al. Unified band-theoretic description of structural, electronic, and magnetic properties of vanadium dioxide phases[J]. Physical review B,2017,95(12):125105.

[26] XU S, GU Y N, WU X S. Structural, electronic and magnetic properties of a ferromagnetic metal: Nb-doped EuTiO$_3$[J]. Journal of magnetism and magnetic materials,2020,497:166077.

[27] ZHOU H D, GOODENOUGH J B. Evidence for two electronic phases in $Y_{1-x}La_xTiO_3$ from thermoelectric and magnetic susceptibility measurements[J]. Physical review B,2005,71(18):184431.

[28] KRESSE G, FURTHMÜLLER J. Efficient iterative schemes forab initiototal-energy calculations using a plane-wave basis set[J]. Physical review B,1996,54 (16):11169-11186.

[29] KRESSE G, JOUBERT D. From ultrasoft pseudopotentials to the projector

augmented-wave method[J]. Physical review B,1999,59(3):1758-1775.

[30] ADAMO C,BARONE V. Toward reliable density functional methods without adjustable parameters: the PBE0 model[J]. The journal of chemical physics, 1999,110(13):6158-6170.

[31] PERDEW J P, ERNZERHOF M, BURKE K. Rationale for mixing exact exchange with density functional approximations[J]. The journal of chemical physics,1996,105(22):9982-9985.

[32] LEE J H,KE X,PODRAZA N J,et al. Optical band gap and magnetic properties of unstrained $EuTiO_3$ films[J]. Applied physics letters,2009,94(21):212509.

[33] WOLLAN E O, KOEHLER W C. Neutron diffraction study of the magnetic properties of the series of perovskite-type compounds $[(1-x)La,xCa]MnO_3$ [J]. Physical review,1955,100(2):545-563.

[34] CWIK M, LORENZ T, BAIER J, et al. Crystal and magnetic structure of $LaTiO_3$: evidence for nondegenerate t_{2g} orbitals[J]. Physical review B,2003,68(6):060401.

[35] GU M Q, RONDINELLI J M. Nonlinear phononic control and emergent magnetism in Mott insulating titanates[J]. Physical review B, 2018, 98(2):024102.

[36] IORI F, GATTI M, RUBIO A. Role of nonlocal exchange in the electronic structure of correlated oxides[J]. Physical review B,2012,85(11):115129.

[37] HIMMETOGLU B, JANOTTI A, BJAALIE L, et al. Interband and polaronic excitations in $YTiO_3$ from first principles[J]. Physical review B, 2014, 90(16):161102.

第10章 La诱导$Sr_{1-x}La_xRuO_3$中的铁磁与反铁磁共存

本章通过第一性原理计算,基于广义梯度近似加U(GGA+U),研究了$Sr_{1-x}La_xRuO_3$(x=0,0.125,0.25,0.5,1)的结构和电磁性质。整个系列的$Sr_{1-x}La_xRuO_3$(x=0,0.125,0.25,0.5,1)稳定在正交钙钛矿结构中。由自旋极化计算得出的基态在$0 \leqslant x \leqslant 0.25$时是铁磁半金属态,在$x$=0.5时是铁磁半金属态和反铁磁绝缘态共存,在$x$=1时是反铁磁金属态,与实验结果吻合。La取代Sr减小了Ru—O—Ru键角,导致更强的$GdFeO_3$畸变。更强的$GdFeO_3$畸变降低了费米能级的态密度,并使费米能级附近的范霍夫奇点展宽。因此,随着掺杂量x的增加,$Sr_{1-x}La_xRuO_3$中的磁性抑制变得更强。La掺杂削弱了$SrRuO_3$中铁磁性的Stoner机制。这些理论结果很好地解释了实验。

10.1 引言

$SrRuO_3$是居里温度约为150 K的巡游铁磁(FM)金属氧化物[1-2],在室温下具有正交对称性[1],晶格参数a=5.567 0 Å,b=5.530 4 Å,c=7.844 6 Å。由于其在多铁性器件[4]、约瑟夫森结[5]、肖特基结[6]、铁电电容器[7]、磁性[8]、隧道结和场效应器件[9]中的多种应用而引起了人们的广泛关注。

$SrRuO_3$中的铁磁性与结构畸变强耦合。用不同离子半径的阳离子部分替换Sr或Ru位可以调节$SrRuO_3$的磁性[10-19]。Kolesnik等[10]在$0.3 \leqslant x \leqslant 0.4$时发现了多晶$SrRu_{1-x}Mn_xO_3$的自旋玻璃行为。为了在$SrRu_{1-x}Mn_xO_3$中找到低Mn含量(约25%)的稳定磁相,Hadipour等[11]计算了$SrRu_{1-x}Mn_xO_3$的电子结构,发现$SrRu_{1-x}Mn_xO_3$中存在铁磁性和反铁磁性共存,与实验结果[10]一致。Fita等[12]还发现,从铁磁态到反铁磁态的相变发生在$x \approx 0.25$的多晶$SrRu_{1-x}Mn_xO_3$中。实验和理论研究[13-15]表明,$SrRu_{1-x}Cr_xO_3$中的铁磁性随着x的增加而变弱,然后发生从铁磁向反铁磁的磁相变。此外,在多晶$SrRu_{1-x}Cu_xO_3$中观察到铁磁性的抑制和自旋玻璃态行为[16-17]。然而,尽管Na掺杂会抑制铁磁性,但不会发生从铁磁向反铁磁的磁相变[18-19]。

Ln掺杂$SrRuO_3$(Ln是取代Sr或Ru的元素)中的一个重要现象[20-22]发生在当La取代多晶$Sr_{1-x}La_xRuO_3$氧化物中的Sr时。实验研究了多晶$Sr_{1-x}La_xRuO_3$的磁性和电子性质[20,22]。当La取代Sr时,$Sr_{1-x}La_xRuO_3$的铁磁性被强烈抑制,并且在$0.3 \leqslant x \leqslant 0.5$时出现团簇玻璃态[22]。为了阐明多晶$Sr_{1-x}La_xRuO_3$的电子态如何随La掺杂而演化,Kawasaki等[21]通过软X射线光电子能谱(PES)研究了$Sr_{1-x}La_xRuO_3$的电子态。PES实验[21]证实了La 5d态在能量范围内的贡献不显著,并且Ru 4d电子具有局域和巡回特性。

我们针对多晶$Sr_{1-x}La_xRuO_3$提出如下问题:抑制$Sr_{1-x}La_xRuO_3$铁磁性的物理机制是什么?在高含量La掺杂的$Sr_{1-x}La_xRuO_3$(x=0.5)中,哪种磁态是稳定的?为了回答这两个问题,我们基于密度泛函理论(DFT)的GGA+U方法研究了$Sr_{1-x}La_xRuO_3$(x=0,

$0.125,0.25,0.5)$ 的磁性和电子结构。目前的结果与实验相符。我们发现 $Sr_{1-x}La_xRuO_3$ 中存在铁磁性和反铁磁性共存,并解释了铁磁性随 x 的增加而逐渐受到抑制。

10.2 计算方法

我们使用了 PAW[23] 赝势通过密度泛函理论对 $Sr_{1-x}La_xRuO_3$ ($x=0,0.125,0.25,0.5,1$) 进行了第一性原理计算,计算采用 VASP 模拟软件包[24]。众所周知,GGA 无法描述过渡金属氧化物的电学性质,因为在这些公式中出现了电子相互作用误差,这对于局域性良好的过渡金属 d 电子非常重要。因此,GGA+U 方法被用于改进氧化物的电磁性质以及相稳定性的预测。这里使用了 Liechtenstein 等[25] 和 Dudarev 等[26] 的简单公式,其中对单个参数 U_{eff} 进行了密度泛函理论能量轨道依赖的修正。U_{eff} 总是表示为 Hubbard U 和 Stoner 交换参数 J 的近似值之差。Hubbard U 是将两个电子放在一起的库仑能量消耗。这里的所有计算都是在 Hubbard $U=3.5$ eV 和 $J=0.6$ eV 应用于 Ru 原子的 d 轨道[13,27] 的情况下完成的。用 GGA+U 方法和 PBE 方案处理交换相关泛函。使用尺寸为 $2×1×1$ 的 40 个原子 $SrRuO_3$ 超胞(见图 10.1)进行计算。根据对称性,考虑了 $Sr_{1-x}La_xRuO_3$ 的所有可能被 La 替代的 Sr 位和磁结构,并对这些测试结构的总能量进行了评估。基态结构是这些测试结构中总能量最低的结构。在 $Sr_{1-x}La_xRuO_3$ ($0≤x≤0.5$) 中,对于 $x=0.125$,替换的位置为 Sr8;对于 $x=0.25$,替换位置为 Sr2 和 Sr8;对于 $x=0.5$,替换位置为 Sr5、Sr6、Sr7 和 Sr8。电子的平面波能量截止值为 700 eV。6 个电子($2s^22p^4$)、10 个电子($4s^24p^65s^2$)、16 个电子($4p^65s^24d^75s^1$) 和 11 个电子($5s^25p^65d^16s^2$),被视为价带中的电子,分别用于 O、Sr、Ru 和 La 原子。使用 M 点为中心 $6×12×8$ k 点网格来优化 $Sr_{1-x}La_xRuO_3$ ($0≤x≤0.5$) 超胞。Hellman-Feynman 力计算收敛于等于或低于 10^{-4} eV/Å,电子计算在连续迭代之间收敛到小于 10^{-5} eV。

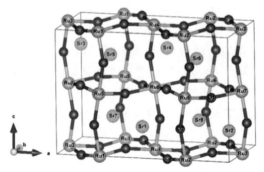

图 10.1 $2×1×1$ 的 $SrRuO_3$ 超晶胞的晶体结构

10.3 结果与讨论

10.3.1 晶体结构

表 10.1 显示了 $Sr_{1-x}La_xRuO_3$ ($x=0,0.125,0.25,0.5,1$) 基态计算的结构参数。在所

有原子坐标和晶胞形状得到充分优化后,$Sr_{1-x}La_xRuO_3$($x=0,0.125,0.25,0.5,1$)稳定在正交 $GdFeO_3$ 型结构中。$SrRuO_3$ 的计算晶格参数为 $a=5.5480$ Å、$b=5.5052$ Å 和 $c=7.7629$ Å,与实验值 $a=5.5670$ Å、$b=5.5304$ Å 和 $c=7.8446$ Å 合理一致[3]。如表 10.1 所示,晶格参数和晶胞体积几乎随 x 的增加而线性增加。这可以解释如下。为了保持系统电中性,在 La^{3+} 取代 Sr^{2+} 后,少量 Ru^{3+} 离子将取代 Ru^{4+}。尽管 La^{3+}(1.06 Å)的离子半径小于 Sr^{2+}(1.13 Å)的离子半径,但 Ru^{3+}(0.77 Å)的离子半径大于 Ru^{4+} 的(0.63 Å)。因此,晶胞体积随着 x 的增加而增加。

表 10.1 铁磁 $Sr_{1-x}La_xRuO_3$($x=0,0.125,0.25$)、A 型反铁磁 $Sr_{0.5}La_{0.5}RuO_3$ 和 $LaRuO_3$ 的计算结构参数

掺杂量 x	0	0.125	0.25	0.5	1
a/Å	5.5480	5.5514	5.5360	5.5444	5.5135
b/Å	5.5052	5.5215	5.5476	5.5716	5.6060
c/Å	7.7629	7.7806	7.7908	7.8064	7.8357
V/Å^3	237.0999	238.4952	239.2670	241.1489	242.1911
Ru—O1/Å	1.9799	1.9985	2.0191	2.0607	2.0457
Ru—O2/Å	1.9662	1.9816	1.9987	2.0076	2.0421
Ru—O1—Ru/(°)	161.3464	155.4988	154.1333	153.9796	149.4674
Ru—O2—Ru/(°)	161.5550	158.0140	157.6313	152.8854	149.1620

表 10.1 给出了键长和键角。计算结果表明,$SrRuO_3$ 中 Ru—O1 和 Ru—O2 键长仅相差 0.0137 Å。然而,随着 La 掺杂量增加,Ru—O1 和 Ru—O2 之间的差异几乎呈线性增加,尽管 Ru—O1 和 Ru—O2 键长均随 x 的增加呈线性增加。当 $x=0.125$ 时,Ru—O1 和 Ru—O2 之间的长度差异为 0.0169 Å。Ru—O1 和 Ru—O2 之间的长度差从 $x=0.25$ 时的 0.0204 Å 增加到 $x=0.5$ 时的 0.0531 Å。如表 10.1 所示,Ru—O1—Ru 和 Ru—O2—Ru 的角度分别从 $x=0$ 时的 161.3464°和 161.5550°减小到 $x=1$ 时的 149.4674°和 149.1620°,这表明 La 掺杂使 RuO_6 八面体的 Jahn-Teller 畸变更强。

10.3.2 磁性质

表 10.2 给出了 $Sr_{1-x}La_xRuO_3$($x=0,0.125,0.25,0.5,1$)在 A-AFM、C-AFM、G-AFM、FM[28]和非磁性(NM)态下正交相的能量(相对于最低能量态的能量)。非磁态收敛于铁磁态。目前的结果表明,铁磁态是 $SrRuO_3$ 的基态,与实验[29]一致。$SrRuO_3$ 中的 A-AFM、C-AFM 和 G-AFM 态的总能量比铁磁态的能量分别高 115.7 meV/f.u.、29.9 meV/f.u. 和 21.8 meV/f.u.。实验上,$Sr_{1-x}La_xRuO_3$($x=0.125$ 和 0.25)是铁磁性的,并且在 $0.3 \leqslant x \leqslant 0.5$ 时出现自旋玻璃态[22]。根据我们的计算(见表 10.2),$Sr_{1-x}La_xRuO_3$($x=0.125$ 和 0.25)的基态为铁磁,这与实验结果一致[22]。对于 $Sr_{0.5}La_{0.5}RuO_3$,A-AFM 结构的能量最低,为基态。虽然 A-AFM 是 $Sr_{0.5}La_{0.5}RuO_3$ 的基态,但 FM 态的总能量几乎等于 A-AFM 的总能量(每分子式单元高 2.8 meV),这意味着 A-AFM 和 FM 态在 $Sr_{0.5}La_{0.5}RuO_3$ 中共存。根据目前的结果,铁磁态和反铁磁态之间的竞争出现在 $Sr_{1-x}La_xRuO_3$ 中 $0.25 < x \leqslant 0.5$ 时。这些理论结果从理论角度进一步证实了自旋玻璃的实验行为[22]。对于 $LaRuO_3$,目前的结果给出了 A

型反铁磁的基态,与实验[30-31]一致。

表 10.2 $Sr_{1-x}La_xRuO_3$ ($x=0,0.125,0.25,0.5,1$) 在 A-AFM、C-AFM、G-AFM、FM 和 NM 态下正交相的能量(相对于最低能量态的能量)　　　单位:eV/f.u.

掺杂量 x	A-AFM	C-AFM	G-AFM	FM	NM
0	0.115 7	0.029 9	0.021 8	0	收敛于 FM
0.125	0.089 0	0.020 9	0.020 2	0	收敛于 FM
0.25	0.073 9	0.018 2	0.056 9	0	收敛于 FM
0.5	0	0.058 2	0.009 8	0.002 8	收敛于 FM
1	0	0.060 9	0.009 5	0.024 6	收敛于 FM

为了进一步研究 La 掺杂对 $SrRuO_3$ 磁性质的影响,我们在表 10.3 中列出了 $Sr_{1-x}La_xRuO_3$ 的计算 Ru 磁矩和总磁矩。计算得到的 $SrRuO_3$ 中的自旋原子磁矩约是 1.41 μ_B,与实验值 1.40 μ_B[32]非常吻合。由于 Ru 原子与 O 原子之间强的杂化,每个 O 原子贡献 $SrRuO_3$ 中的原子磁矩 0.12 μ_B,和其他计算值一致[33]。如表 10.3 所示,Ru 原子的自旋磁矩随着 x 的增加而线性减小。此外,总磁矩随着 x 的增加而线性减小。总磁矩为 0 μ_B 的 A 型反铁磁态出现在 $Sr_{0.5}La_{0.5}RuO_3$ 和 $LaRuO_3$ 中。

表 10.3 铁磁 $Sr_{1-x}La_xRuO_3$ ($x=0,0.125,0.25,0.5$)、
A 型反铁磁 $Sr_{0.5}La_{0.5}RuO_3$ 和 A 型反铁磁 $LaRuO_3$ 的 Ru 原子磁矩和总磁矩(μ_T)

位置	x					
	0	0.125	0.25	0.5	0.5	1
	FM	FM	FM	A-AFM	FM	A-AFM
Ru1	1.42	1.41	1.34	0.92	1.04	0.78
Ru2	1.42	1.33	1.23	0.92	1.04	0.78
Ru3	1.41	1.26	1.24	1.29	1.20	0.78
Ru4	1.41	1.35	1.34	1.29	1.20	0.78
Ru5	1.42	1.41	1.34	−0.92	1.04	−0.78
Ru6	1.42	1.33	1.22	−0.92	1.04	−0.78
Ru7	1.41	1.25	1.24	−1.29	1.20	−0.78
Ru8	1.41	1.30	1.33	−1.29	1.20	−0.78
$\mu_T/(\mu_B/f.u.)$	1.76	1.63	1.51	0	1.25	0

如表 10.1 所示,由于 La^{3+} 离子的尺寸较小,$Sr_{1-x}La_xRuO_3$ 的 Ru—O—Ru 键角随着 x 的增加而变小。Ru—O—Ru 键角的减小导致总态密度(TDOS)的两个重要变化。首先,费米能级以下的带宽随着 x 的增加而线性减少。在 $x=0$、0.125、0.25、0.5 和 1 时,图 10.2 所示的总态密度带宽分别为 8.17 eV、7.93 eV、7.75 eV、7.59 eV 和 7.36 eV。这表明 $Sr_{1-x}La_xRuO_3$ 随着 x 的增加具有更强的关联属性,因为关联属性与带宽的相互作用强度成反比[34]。其次,当 $x=0$、0.125、0.25、0.5 和 1 时,费米能级上的态密度(分别为 8.25 态/eV、

8.10 态/eV、6.53 态/eV、0 态/eV 和 3.00 态/eV)几乎随 x 的增加而线性减小,同时范霍夫奇点在费米能级附近展宽。如图 10.2 所示,SrRuO$_3$ 在费米能级的态密度最大。这可能与立方结构的范霍夫奇点有关[34],它似乎非常接近费米能级。GdFeO$_3$ 畸变促进了 Ru t$_{2g}$[34] 能级的简并,从而分裂了范霍夫峰。在费米能级上,SrRuO$_3$ 中的分裂最小,态密度仍然最大。随着 x 的增加,劈裂随着 x 的增加而变大,导致费米能级的态密度变小。这表明,随着 x 的减小,Sr$_{1-x}$La$_x$RuO$_3$ 将具有更强的关联性。特别是,在铁磁性的 Stoner 模型中,磁有序的存在与否与费米能级态密度和相互作用常数乘积的值有关[35]。因此,费米能级态密度的降低表明,随着 x 的增加,Sr$_{1-x}$La$_x$RuO$_3$ 中的铁磁将被抑制。此外,在 $x=0.25$、0.5 和 1 时,自旋下 Ru 3d 态的峰值出现在费米能级下方,这是由分裂所引起的。这个峰值可能不利于磁性产生。这些理论结果表明,La 掺杂削弱了 SrRuO$_3$ 中 Stoner 机制对巡游铁磁性的影响。这些结果很好地解释了 La 掺杂 SrRuO$_3$ 中铁磁性的抑制[22]。

10.3.3 电子结构

图 10.2 给出了铁磁 Sr$_{1-x}$La$_x$RuO$_3$($x=0,0.125,0.25,0.5$)、A 型反铁磁的 Sr$_{0.5}$La$_{0.5}$RuO$_3$ 和 A 型反铁磁的 LaRuO$_3$ 的总态密度和分波态密度。态密度的能量窗口限制在 -8.3 eV 到 5 eV 之间。由于 Sr$_{1-x}$La$_x$RuO$_3$ 的价带和导带不是来自 Sr 3d 态,我们忽略了 Sr 带,主要关注 Ru 4d、O 2p 和 La 5f 态。由自旋极化计算得出了 Sr$_{1-x}$La$_x$RuO$_3$ 在 $x \leqslant 0.25$ 时是铁磁半金属的基态,在 $x=0.5$ 时是 A 型反铁磁绝缘态和铁磁半金属态共存,$x=1$ 时是 A 型反铁磁金属基态。这些计算结果与实验结果一致[22]。

SrRuO$_3$ 是一种巡游的铁磁金属[36-37],而 LaRuO$_3$ 实验上是反铁磁金属[30-31],这与目前的理论结果一致。如图 10.2(a)所示,跨越费米能级总态密度带主要由 SrRuO$_3$ 杂化的 Ru 4d 和 O 2p 态构成,形成半金属基态。费米能级附近的主峰分别位于费米能级以下约 0.5 eV 至约 1.6 eV 和费米能级以上约 0.1 eV 至约 1.2 eV 之间。这些峰主要来自 Ru 4d 和 O 2p 带。在图 10.2(f)中,LaRuO$_3$ 的 Ru 3d 带穿过费米面,形成金属 A 型反铁磁基态。

图 10.2(b)和 10.2(c)给出了铁磁的 Sr$_{0.875}$La$_{0.125}$SrO$_3$ 和 Sr$_{0.75}$La$_{0.25}$SrO$_3$ 的总态密度和分波态密度。穿过费米能级的能带来自 Ru 4d 和 O 2p 态的杂化,显示出 Sr$_{0.875}$La$_{0.125}$SrO$_3$ 和 Sr$_{0.75}$La$_{0.25}$SrO$_3$ 的半金属特征。Ru 4d 和 O 2p 带之间仍然存在杂化。由于 La 5f 态位于费米能级以上 3.1 eV 到 3.9 eV 之间,因此在能量范围内没有重要的贡献。由于 La 的分波态密度主要由 La 5f 态组成,图 10.2 中未给出 La 5d 态。La 5d 态也出现在 3.1 eV 以上,这也证实了 La 5d 态在能量范围内的贡献不重要,与实验[21]一致。

随着 x 的增加,Sr$_{1-x}$La$_x$RuO$_3$ 中的铁磁性抑制变得更强。当 $x=0.5$ 时,出现反铁磁态。如前所述,A-AFM 和 FM 态在 Sr$_{0.5}$La$_{0.5}$RuO$_3$ 中共存。图 10.2(d)和 10.2(e)显示了 A 型反铁磁和铁磁的 Sr$_{0.5}$La$_{0.5}$RuO$_3$ 的分波态密度。对于 A 型反铁磁 Sr$_{0.5}$La$_{0.5}$RuO$_3$,价带和导带主要由 Ru 4d 和 O 2p 态构成。价带和导带之间的带隙为 0.6 eV,导致绝缘 A 型反铁磁态出现。对于铁磁 Sr$_{0.5}$La$_{0.5}$RuO$_3$,主要由 Ru 4d 和 O 2p 态构成的带跨过费米能级,形成半金属铁磁态。实验上,Sr$_{0.5}$La$_{0.5}$RuO$_3$[22] 在温度 T 小于约 70 K 时表现出绝缘行为,在 T 大于约 70 K 时表现出金属特性,在 T 等于约 70 K 时出现绝缘体-金属转变。根据我们的计算结果,A 型反铁磁态和铁磁态共存在 Sr$_{0.5}$La$_{0.5}$RuO$_3$ 中。由于铁磁态的总能量比 A 型反铁磁高 2.8 meV/f.u.,Sr$_{0.5}$La$_{0.5}$RuO$_3$ 在较低温度(T 小于约 70 K)下,表现出比铁磁

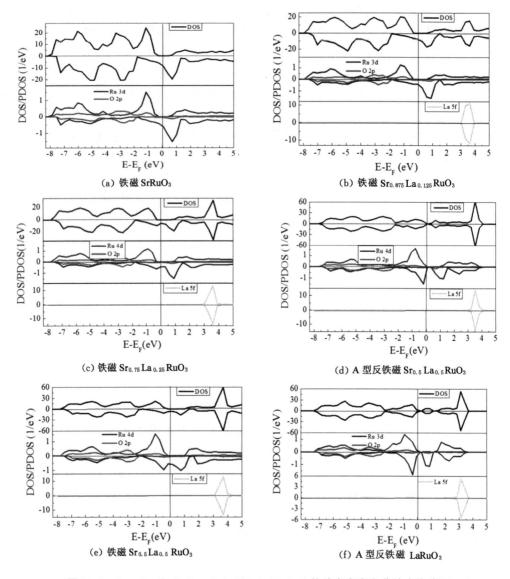

图 10.2 $Sr_{1-x}La_xRuO_3$($x=0,0.125,0.25,0.5$)的总态密度和分波态密度图

态更多 A-AFM 态的绝缘行为,在较高温度(T 大于约 70 K)下,显示出比 A-AFM 态更多 FM 态的金属行为。因此,$Sr_{0.5}La_{0.5}RuO_3$ 在~70 K 时发生绝缘体-金属转变。目前的理论结果很好地解释了实验[22]。

10.4 结论

我们研究了 La 掺杂对 $Sr_{1-x}La_xRuO_3$ 的结构和电磁性质的影响。$Sr_{1-x}La_xRuO_3$($x=0,0.125,0.25,0.5$)稳定在正交 $GdFeO_3$ 型结构中。当前的理论计算结果给出了在 $0\leqslant x\leqslant 0.25$ 时为铁磁基态,在 $x=0.5$ 时为 A 型反铁磁态和铁磁态共存,$x=1$ 时为 A 型反铁磁基态。La 掺杂削弱了 $SrRuO_3$ 铁磁性的 Stoner 机制。目前的理论结果很好地解释了实验。

参考文献

[1] WANG Y L, LIU M F, LIU R, et al. High stability of electro-transport and magnetism against the A-site cation disorder in SrRuO$_3$[J]. Scientific reports, 2016, 6: 27840.

[2] JEONG D W, CHOI H C, KIM C H, et al. Temperature evolution of itinerant ferromagnetism in SrRuO$_3$ probed by optical spectroscopy[J]. Physical review letters, 2013, 110(24): 247202.

[3] KOSTER G, KLEIN L, SIEMONS W, et al. Structure, physical properties, and applications of SrRuO$_3$ thin films[J]. Reviews of modern physics, 2012, 84(1): 253-298.

[4] ZHENG M, NI H, QI Y P, et al. Ferroelastic strain control of multiple nonvolatile resistance tuning in SrRuO$_3$/PMN-PT(111) multiferroic heterostructures[J]. Applied physics letters, 2017, 110(18): 182403.

[5] GAUSEPOHL S C, LEE M, ANTOGNAZZA L, et al. Magnetoresistance probe of spatial current variations in high-T_C YBa$_2$Cu$_3$O$_7$-SrRuO$_3$-YBa$_2$Cu$_3$O$_7$ Josephson junctions[J]. Applied physics letters, 1995, 67(9): 1313-1315.

[6] LIU X H, WANG Y, BURTON J D, et al. Polarization-controlled Ohmic to Schottky transition at a metal/ferroelectric interface[J]. Physical review B, 2013, 88(16): 165139.

[7] JO J Y, KIM D J, KIM Y S, et al. Polarization switching dynamics governed by the thermodynamic nucleation process in ultrathin ferroelectric films[J]. Physical review letters, 2006, 97(24): 247602.

[8] TAKAHASHI K S, SAWA A, ISHII Y, et al. Inverse tunnel magnetoresistance in all-perovskite junctions of La$_{0.7}$Sr$_{0.3}$MnO$_3$/SrTiO$_3$/SrRuO$_3$[J]. Physical review B, 2003, 67(9): 094413.

[9] ZHOU W P, LI Q, XIONG Y Q, et al. Electric field manipulation of magnetic and transport properties in SrRuO$_3$/Pb(Mg$_{1/3}$Nb$_{2/3}$)O$_3$-PbTiO$_3$ heterostructure[J]. Scientific reports, 2014, 4: 6991.

[10] KOLESNIK S, DABROWSKI B, CHMAISSEM O. Structural and physical properties of SrMn$_{1-x}$Ru$_x$O$_3$ perovskites[J]. Physical review B, 2008, 78(21): 214425.

[11] HADIPOUR H, FALLAHI S, AKHAVAN M. Ferromagnetism and antiferromagnetism coexistence in SrRu$_{1-x}$Mn$_x$O$_3$: density functional calculation [J]. Journal of solid state chemistry, 2011, 184(3): 536-545.

[12] FITA I, PUZNIAK R, MARKOVICH V, et al. Exchange bias driven by the structural/magnetic transition in Mn-doped SrRuO$_3$[J]. Ceramics international, 2016, 42(7): 8453-8459.

[13] WANY L, HUA L, CHEN L F. First-principles investigation of Cr doping effects on the structural, magnetic and electronic properties in SrRuO$_3$[J]. Solid state sommunications, 2010, 150(23/24): 1069-1073.

[14] DURAIRAJ V, CHIKARA S, LIN X N, et al. Highly anisotropic magnetism in Cr-doped perovskite ruthenates[J]. Physical review B, 2006, 73(21): 214414.

[15] WILLIAMS AJ, GILLIES A, ATTFIELD J P, et al. Charge transfer and antiferromagnetic insulator phase in SrRu$_{1-x}$Cr$_x$O$_3$ perovskites: solid solutions between two itinerant electron oxides [J]. Physical review B, 2006, 73(10), 104409.

[16] NITHYA R, SANKARA SASTRY V, PAUL P, et al. Effect of hole doping and antiferromagnetic coupling on the itinerant ferromagnetism of through Cu substitution at Ru site[J]. Solid state communications, 2009, 149(39/40): 1674-1678.

[17] MANGALAM R V K, SUNDARESAN A. Itinerant ferromagnetism to insulating spin glass in SrRu$_{1-x}$Cu$_x$O$_3$($0 \leqslant x \leqslant 0.3$)[J]. Materials research bulletin, 2009, 44(3): 576-580.

[18] JIAO P, LIU Y, WANG X Y, et al. First principles investigation of Na doping effects on the structural, magnetic, and electronic properties in SrRuO$_3$[J]. Computational materials science, 2013, 69: 284-288.

[19] SEKI H, YAMADA R, SAITO T, et al. High-concentration Na doping of SrRuO$_3$ and CaRuO$_3$[J]. Inorganic chemistry, 2014, 53(9): 4579-4584.

[20] PI L, FAN E H, XIAO Y, et al. Magnetic and electrical transport properties of Sr$_{1-x}$La$_x$RuO$_3$($0 \leqslant x \leqslant 0.10$)[J]. Chinese physics letters, 2006, 23(8): 2225-2228.

[21] KAWASAKI I, SAKON Y, FUJIMORI S, et al. Correlation effect in Sr$_{1-x}$La$_x$RuO$_3$ studied by soft X-ray photoemission spectroscopy[J]. Physical review B, 2016, 94(17), 174427.

[22] KAWASAKI I, YOKOYAMA M, NAKANO S, et al. Ferromagnetic cluster-glass state in itinerant electron system Sr$_{1-x}$La$_x$RuO$_3$[J]. Journal of the physical society of Japan, 2014, 83(6): 064712.

[23] KRESSE G, JOUBERT D. From ultrasoft pseudopotentials to the projector augmented-wave method[J]. Physical review B, 1999, 59(3): 1758-1775.

[24] KRESSE G, FURTHMÜLLER J. Efficient iterative schemes forab initiototal-energy calculations using a plane-wave basis set[J]. Physical review B, 1996, 54(16): 11169-11186.

[25] LIECHTENSTEIN A I, ANISIMOV V I, ZAANEN J. Density-functional theory and strong interactions: orbital ordering in Mott-Hubbard insulators[J]. Physical review B, 1995, 52(8): R5467-R5470.

[26] DUDAREV S L, BOTTON G A, SAVRASOV S Y, et al. Electron-energy-loss

[27] SOLOVYEV I V, DEDERICHS P H, ANISIMOV V I. Corrected atomic limit in the local-density approximation and the electronic structure of dimpurities in Rb [J]. Physical review B,1994,50(23):16861-16871.

[28] WOLLAN E O, KOEHLER W C. Neutron diffraction study of the magnetic properties of the series of perovskite-type compounds $[(1-x)$La, xCa$]$MnO$_3$ [J]. Physical review,1955,100(2):545-563.

[29] CHANG Y J, KIM C H, PHARK S H, et al. Fundamental thickness limit of itinerant ferromagnetic SrRuO$_3$ thin films[J]. Physical review letters,2009,103(5):057201.

[30] BOUCHARD R J, WEIHER J F. La$_x$Sr$_{1-x}$RuO$_3$: a new perovskite series[J]. Journal of solid state chemistry,1972,4:80-86.

[31] SUGIYAMA T, TSUDA N. Electrical and magnetic properties of Ca$_{1-x}$La$_x$RuO$_3$[J]. Journal of the physical society of Japan,1999,68(12):3980-3987.

[32] LONGO J M, RACCAH P M, GOODENOUGH J B. Magnetic properties of SrRuO$_3$ and CaRuO$_3$[J]. Journal of applied physics,1968,39(2):1327-1328.

[33] SINGH D J. Electronic and magnetic properties of the 4d itinerant ferromagnet SrRuO$_3$[J]. Journal of applied physics,1996,79(8):4818.

[34] DANG H T, MRAVLJE J, GEORGES A, et al. Electronic correlations, magnetism, and Hund's rule coupling in the ruthenium perovskites SrRuO$_3$ and CaRuO$_3$[J]. Physical review B,2015,91(19):195149.

[35] STONER E C. XXXIII. Magnetism and molecular structure[J]. The London, Edinburgh, and Dublin philosophical magazine andjournal of science,1927,3(14):336-356.

[36] KLEIN L, DODGE J S, AHN C H, et al. Anomalous spin scattering effects in the badly metallic itinerant ferromagnet SrRuO$_3$[J]. Physical review letters,1996,77(13):2774-2777.

[37] KLEIN L, DODGE J S, AHN C H, et al. Transport and magnetization in the badly metallic itinerant ferromagnet[J]. Journal of physics: condensed matter,1996,8(48):10111-10126.

第 11 章　$EuNbO_3$ 相的电子结构和磁性质研究

本章从第一性原理出发,对实验观察到的三种 $EuNbO_3$ 相——正交相(空间群 Imma)、四方相(空间群 I4/mcm)和立方相(空间群 Pm-3m)的结构和电磁性质进行了密度泛函理论(DFT)研究。计算得到的基态结构参数和磁性能与实验结果一致。正交相和立方相的基态是铁磁性金属,而四方相的基态被预测为反铁磁性金属。此外,$EuNbO_3$ 相的 Eu 原子的磁矩为 6.9 μ_B。本研究为理解 $EuNbO_3$ 不同相的性质提供了一种理论方法。

11.1　引言

钙钛矿型氧化物因其独特的性能而受到广泛关注,它们展示出许多独特的物理性质,比如超导性[1-2]、铁磁性[3-4]、二维电子气[5-6]、金属-绝缘体转变[7-8]、"巨大"磁电阻行为[9] 和结构相变[10] 等。这些材料被用于存储器件、超导体和光电器件等。

对于许多扭曲 ABO_3 钙钛矿氧化物,增加温度通常会降低 BO_6 的倾斜角度,然后可能发生八面体结构相变。钙钛矿中广泛存在结构相变氧化物。对结构相变进行实验研究[11] 发现,$EuTiO_3$ 中有从四方相到立方相的转变。以第一性原理方法发现了更稳定的相[12],如 I4/mcm、Imma、Pnma 和 C2/c 相比 Pm-3m 相更稳定。$SrRuO_3$ 在室温下具有正交结构的晶胞[13],与 $GdFeO_3$ 同构。550 ℃时,进入一个四方相[13-14]。当温度达到 680 ℃左右时四方相转化为具有空间群 Pm-3m 的立方相。此外,$BaPbO_3$ 和 $BaTbO_3$[15-16] 在温度为 570 ℃ 和 280 ℃处从正交变换为四方相。它们的立方结构稳定温度分别高于 680 ℃ 和 630 ℃[15-16]。

$EuNbO_3$ 中也发现了结构相转变。Kususe 等[17] 利用同步辐射 X 射线衍射,在 20~500 K 的温度范围内研究了 $EuNbO_3$ 的结构。$EuNbO_3$ 低于 350 K 以正交结构存在,空间群为 Imma;温度在 360~460 K,以四方结构存在,空间群 I4/mcm[17]。在 460 K 时,实现了从 I4/mcm 四方晶系到 Pm-3m 立方晶系的相变。实验研究发现 $Eu_{1-x}NbO_3$ (0.08≤x≤0.35) 和 $EuNbO_3$ 拥有立方结构[18-19],表现出铁磁金属性,而 $Eu_{1-x}NbO_3$ (0.35≤x≤0.48)以有畸变的四方结构存在。理论研究仅限于 $EuNbO_3$ 中具有铁磁态的正交相的电子结构和立方相铁磁态的声子带结构[17]。然而,众所周知,计算磁性氧化物的非磁性,铁磁性,A 型、C 型和 G 型反铁磁性构型是获得磁性氧化物基态的必要条件。因此,正交相的电子结构需要重新研究。此外,还没有关于立方相和四方相的电结构和磁性的理论研究。为了充分利用 $EuNbO_3$ 相的物理性质,最终用于技术应用,有必要对 $EuNbO_3$ 相的结构、电磁性质进行系统的理论研究。这些理论研究将激发更多的实验研究。

这里,我们基于广义梯度近似加 U(GGA+U)的密度泛函理论对不同 $EuNbO_3$ 相的结构和电磁性质进行了第一性原理计算。计算的晶格常数与实验值一致。目前的计算表明,正交相和立方相的基态是铁磁性的,这与现有的实验一致,而四方相是一种反铁磁金属。

11.2 计算方法

我们使用了 PAW[20] 赝势通过密度泛函理论对 $Sr_{1-x}La_xRuO_3$ ($x=0, 0.125, 0.25, 0.5, 1$) 进行了第一性原理计算,计算采用 VASP 模拟软件包[21]。对于交换相关函数,GGA+U 与 PBE 一起使用。我们在 Hubbard $U=5.57$ 和 Stoner 交换参数 $J=1.00$ 的近似值下进行了所有计算,该参数适用于 Eu 原子的 f 轨道[12]。计算中使用了一个 20 原子的正交和四方晶胞和一个尺寸为 $2\times2\times2$ 的 40 原子立方超晶胞。电子的平面波能量截止为 500 eV。正交相和四方相的 k 点采样采用 $8\times6\times8$ 的 M 点为中心的网格,立方相采用 $6\times6\times6$ 网格。6 个电子($2s^2 2p^4$)、13 个电子($4s^2 4p^6 4d^4 5s^1$)和 17 个电子($4f^7 5s^2 5p^6 6s^2$)被分别视为 O、Nd 和 Eu 原子的价电子。Hellman-Feynman 力计算收敛等于或低于 10^{-4} eV/Å,电子计算在连续迭代之间收敛到小于 10^{-5} eV。

11.3 结果与讨论

11.3.1 结构属性

如图 11.1 给出了实验观察到的 $EuNbO_3$ 相基态的优化结构。Imma、I4/mcm 和 Pm-3m 结构分别对应于 Glazer 符号[22]中的倾斜系统 $a^-b^0a^-$、$a^0a^0c^-$ 和 $a^0a^0a^0$。Pm-3m 对称的 NbO_6 八面体具有立方结构,其中 Nb 原子位于中心,O 原子位于边缘的末端。在 Imma 和 I4/mcm 对称中,NbO_6 八面体分别围绕立方的 $[110]_p^-$ 和 $[001]_p^-$ 轴倾斜。实验和计算的晶格常数如表 11.1 所示。很明显,优化后的晶格常数与实验值符合得很好。由表 11.1 可以推断出,正交相的计算晶胞体积比实验值大约 0.19%,而四方相的计算晶胞体积比实验值小约 0.66%。立方相中的晶格常数几乎与实验值相等。计算结果与实验结果基本一致,表明计算结果是可靠的。

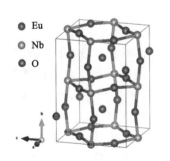
(a) 铁磁正交相(空间群 Imma)

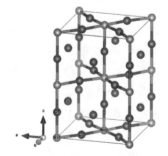
(b) a 型反铁磁四方相(空间群 I4/mcm)

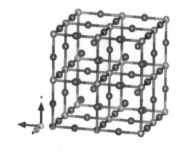
(c) 铁磁立方相(空间群 Pm-3m)

图 11.1 不同 $EuNbO_3$ 相的优化结构

表 11.1　EuNbO$_3$ 不同相实验和计算的结构参数

	Imma		I4/mcm		Pm-3m	
	实验[17]	本工作	实验[17]	本工作	实验[17]	本工作
a/Å	5.670	5.665	5.687	5.645	8.055	8.056
b/Å	8.016	8.052	5.687	5.645		
c/Å	5.686	5.689	8.051	8.082		
V/Å^3	258.433	259.743	260.385	257.765	522.632	522.827
$\alpha=\beta=\gamma$/(°)	90	90	90	90	90	90
Eu1—O1/Å	2.842	2.842	2.843	2.824	2.848	2.848
Eu1—O2/Å	2.720	2.728	2.933	2.968		
Nb1—O1/Å	2.027	2.027	2.014	2.020	2.014	2.014
Nb1—O2/Å	2.014	2.014	2.013	2.005		
Eu1—Nb1/Å	3.475	3.476	3.483	3.472	3.488	3.488
Nb1—O1—Nb2/(°)	59.67	59.68	63.42	63.16		
Nb1—O2—Nb2/(°)	170.83	170.84	173.08	172.86	180	180

此外,表 11.1 显示了正交、四方和立方相中不同原子之间的键长和角度。Nb1—O1 在立方相中的键长为 2.014 Å,Nb1—O1 在正交相中的键长为 2.027 Å,Nb1—O2 在正交相中的键长为 2.014 Å,Nb1—O1 在四方相中的键长为 2.020 Å,Nb1—O2 在四方相中的键长为 2.005 Å。由于有两个不同的 O1 和 O2 位置,正交相和四方相中存在两种不同的 Nb—O 键长。计算得到的不同原子间的键角,Nb1—O1—Nb2 在正交相中为 59.68°,Nb1—O2—Nb2 为 170.84°,Nb1—O1—Nb2 在四方相中为 63.16°,Nb1—O2—Nb2 在立方相中为 172.86°,Nb1—O1—Nb2 在立方相中为 180°。显然,表 11.1 中计算的键长和键角与实验值吻合得很好。

11.3.2　磁属性

如表 11.2 所示,GGA+U 计算结果表明,正交相和立方相的基态均为铁磁,而四方相为 A 型反铁磁。为了找出磁基态,考虑了 A、C 和 G 型反铁磁[23],铁磁和非磁性结构如图 11.2 所示。根据目前的计算,正交相中 A 型、G 型和 C 型反铁磁态的总能量分别比铁磁的高 10 meV/f.u.、12 meV/f.u.、15 meV/f.u. 和 125meV/f.u.。四方相的 G 型和 C 型反铁磁、铁磁和非磁态的总能量分别比 A 型反铁磁的高 12 meV/f.u.、14 meV/f.u.、10 meV/f.u. 和 141meV/f.u.。在实验上,在钙钛矿 Pr$_{1-x}$Sr$_x$MnO$_3$[24] 中发现了 A 型反铁磁金属相。对于立方相,A 型、G 型和 C 型反铁磁态和非磁态的总能量分别比铁磁的高 10 meV/f.u.、24 meV/f.u.、31 meV/f.u. 和 165 meV/f.u.。铁磁有序[19]在实验上出现在立方相中,这与目前的计算结果一致。

我们还研究了 EuNbO$_3$ 的磁性质,特别是每个原子位置的磁矩。如表 11.2 所示,在各相基态中,Eu 的计算磁矩为 6.9 μ_B,与 6.5 μ_B[25] 和 7.9 μ_B[19] 的实验值基本一致,而 O 和 Nb 的磁矩均为 0 μ_B。

表 11.2 正交、四方和立方 EuNbO$_3$ 相的 A-AFM、C-AFM、G-AFM、FM 和 NM 构型的总能量和 Eu 原子磁矩

	Imma	I4/mcm	Pm3m	Eu 磁矩/μ_B
A-AFM	9.5	0.0	10.1	6.9
C-AFM	15.2	13.7	31.4	6.9
G-AFM	12.3	11.8	23.5	6.9
FM	0.0	10.4	0.0	6.9
NM	124.9	140.6	165.2	6.9

注：总能量为与最低能量态的差，单位为 meV/f.u.。

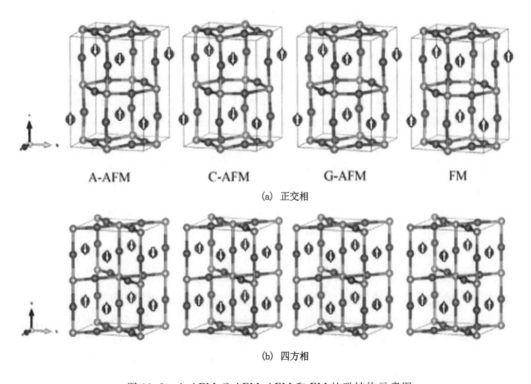

(a) 正交相

(b) 四方相

图 11.2 A-AFM、C-AFM、AFM 和 FM 的磁结构示意图

11.3.3 电子结构

我们计算了 EuNbO$_3$ 相的总态密度和分波态密度。图 11.3 给出了的 EuNbO$_3$ 不同相的总态密度和 Eu、Nb、O 原子分波态密度。我们考虑的能量窗口范围为从 -9 eV 到 3 eV。所有的 EuNbO$_3$ 相都是金属。首先，考虑正交相。图 11.3(a)给出了铁磁基态的自旋极化总态密度和分波态密度。跨越费米能级的态主要来自 Nb 4d 带，这意味着正交相是金属。4.0 eV 以下的几个峰值由 Nb 4d、O 2p 和 Eu 5d 构成。O 2p、Nb 4d 和 Eu 5d 状态之间的 P-d 耦合与 Nb—O 和 Eu—O 键有关。Nb 4d、O 2p、Eu 4f 和 Eu 4d 之间的杂交出现在 -1.6 eV 左右。

图 11.3(b)显示了四方相的总态密度和分波态密度。与图 11.3(a)不同的是，由于基态

是 A-AFM,自旋上带和自旋下带之间的态密度是对称的。Nb 4d 带穿过费米能级,形成金属四方相。在 Nb 4d、O 2p 和 Eu 5d 态之间也会发生杂化。特别是,Nb 4d 和 Eu 5f 态在 -2.0 eV 到 -1.2 eV 的四方相之间的清晰杂化比正交相和立方相的强。需要进行电学和磁学测量来验证四方相的反铁磁金属性。图 11.3(c)显示了立方相基态的总态密度和分波态密度。正交相和立方相之间 Nb 4d 和 O 2p 态的细微差异可能是由于结构不同。与正交相类似,跨越费米能级的能带主要由立方相中的 Nb 4d 态构成,杂化在 O 2p、Nb 4d、Eu 4f 和 Eu 5d 态之间发生,约在 -1.6 eV 的位置。在实验上,$EuNbO_3$ 是一种立方对称的铁磁金属,这与目前的结果相符。

11.3.4 讨论

现在我们来讨论 $EuNbO_3$ 相的磁交换机制。在所有 $EuNbO_3$ 相中,都可能存在间接铁磁交换和反铁磁超交换之间的竞争。一个 Eu 4f 态之间的直接交换应该非常薄弱,因为 Eu 4f 态之间几乎没有直接重叠[26]。一个通过 O 2p 态的 Eu—O—Eu 超交换可能存在于 $EuNbO_3$ 中。如图 11.3 所示,在所有 $EuNbO_3$ 相中,Eu 4f 和 O 2p 态之间的杂化没有明显差异。通过 O 离子进行的 Eu—O—Eu 超交换对于四方相来说并不重要,因为这种相互作用存在于所有 $EuNbO_3$ 相中。当 Eu 4f 和 Nb 4d 态在四方相中出现从 -2.0 eV 到 -1.2 eV 的强的杂化[见图 11.3(b)]时,四方相中的反铁磁性可归因于通过 Nb 4d 态的反铁磁超交换机制,这是针对 Eu^{2+} 基钙钛矿[26]氧化物(如 $EuIO_3$ 和 $EuZrO_3$)提出的。四方相的 Eu 4f 态与 Nb 4d 态不正交。根据 Anderson[27] 的超交换理论,磁轨道之间的非正交重叠通过干预轨道(如阴离子中的 p 带)来稳定反铁磁耦合。图 11.3(b)显示了 $EuNbO_3$ 相中从 -2.0 eV 到 -1.2 eV Eu 4f 和 Nb 4d 态之间的最强杂化,这改善了四方相中的反铁磁超交换。因此,对于 A 型反铁磁四方相,提出了一种通过 Nb 4d 态的超交换机制。

对于正交相和立方相,情况会发生变化。根据目前的计算,正交相和立方相中的 Eu—Eu 键长和 Eu—Nb—Eu 键角大于四方相的。由于自旋-晶格耦合,正交相和立方相为铁磁,而四方相为反铁磁。通过 Eu 5d 进行的间接交换可能导致正交相和立方相的铁磁性出现,这出现在 $EuSiO_3$、$EuGaO_3$ 和 Eu_2SiO_4 中[26,28]。因为最近邻的 4f 态几乎没有重叠 Eu 原子,一个原子上的 Eu 5d 态和下一个相邻原子上的半填充 Eu 4f 态之间的重叠可能会导致正交相和立方相中的铁磁耦合。$EuNbO_3$ 相中 Eu 5d 态与 Eu 4f 态沿着 <100> 具有 e_g 对称性。实验和理论结果表明,通过 Eu 5d 的间接相互作用对 Eu 硫属化合物中近邻相互作用的交换常数贡献最大[29-30],这对 $EuIO_3$ 中的反铁磁-铁磁转变有重要影响[26]。与 $EuTiO_3$[26] 类似,通过 Nb 4d 状态的反铁磁超级交换与通过 Eu 5d 状态的间接铁磁交换竞争。如图 11.3 所示,在所有具有局域自旋的 $EuNbO_3$ 相中,Eu 4f 态与 Nb 4d、Eu 5d 和 O 2p 态在 -2.0 eV 至 -1.2 eV 之间存在杂化。四方相中 Eu 4f 和 Nb 4d 态之间的杂交比正交相和立方相的强得多。如前所述,对于四方相,提出了通过 Nb 4d 态来实现的超交换机制。在铁磁正交相和立方相中,Eu 4f 和 Eu 5d 态之间的杂化从 -2.0 eV 到 -1.2 eV(见图 11.3),比四方相的强得多。与铁磁 Eu^{2+} 基化合物[26,28]类似,通过 Eu 5d 的间接交换在正交和立方 $EuNbO_3$ 相中占主导地位。

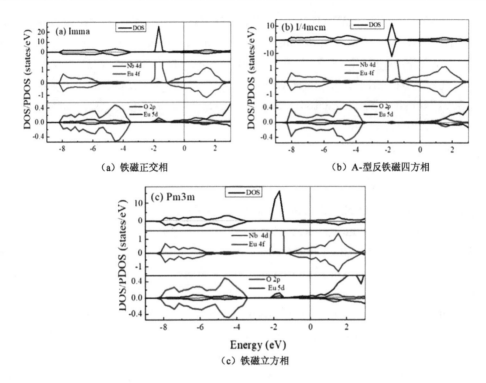

图 11.3 EuNbO$_3$ 的总态密度和分波态密度

11.4 结论

我们对 EuNbO$_3$ 中观察到的实验相的结构、电磁性质进行了第一性原理计算。计算得到的晶格参数与实验值吻合良好。目前的计算给出了正交相和立方相的铁磁金属基态和四方相的 A 型反铁磁金属基态,这与现有的实验一致。对于 A 型反铁磁四方相,提出了通过 Nb 4d 态来实现的超交换机制,而在铁磁正交相和立方相中,通过 Eu 5d 的间接交换可能占主导地位,这表明 EuNbO$_3$ 中存在强烈的自旋-晶格耦合。

参考文献

[1] ERDENEMUNKH U, KOOPMAN B, FU L, et al. Suppression of superfluid density and the pseudogap state in the cuprates by impurities[J]. Physical review letters, 2016, 117(25): 257003.

[2] WEI H I, ADAMO C, NOWADNICK E A, et al. Electron doping of the parent cuprate La$_2$CuO$_4$ without cation substitution[J]. Physical review letters, 2016, 117 (14): 147002.

[3] FAN F R, LI Z W, ZHAO Z, et al. Unusual high-spin Fe^{5+}-Ni^{3+} state and strong ferromagnetism in the mixed perovskite SrFe$_{0.5}$Ni$_{0.5}$O$_3$[J]. Physical review B, 2016, 94(21): 214401.

[4] KHIRADE P P, BIRAJDAR S D, SHINDE A B, et al. Room temperature ferromagnetism and photoluminescence of multifunctional Fe doped BaZrO$_3$ nanoceramics[J]. Journal of alloys and compounds,2017,691:287-298

[5] LI L, RICHTER C, MANNHART J, et al. Coexistence of magnetic order and two-dimensional superconductivity at LaAlO$_3$/SrTiO$_3$ interfaces[J]. Nature physics, 2011,7(10):762-766.

[6] SANTANDER-SYRO A F, COPIE O, KONDO T, et al. Two-dimensional electron gas with universal subbands at the surface of SrTiO$_3$[J]. Nature, 2011, 469 (7329):189-193.

[7] GU Y, XU S, WU X. Gd-doping-induced insulator-metal transition in SrTiO$_3$[J]. Solid state communications,2017,250:1-4.

[8] MOETAKEF P, CAIN T A. Metal-insulator transitions in epitaxial Gd$_{1-x}$Sr$_x$TiO$_3$ thin films grown using hybrid molecular beam epitaxy[J]. Thin solid films, 2015, 583: 129-134.

[9] HORIBA K, KITAMURA M, YOSHIMATSU K, et al. Isotropic kink and quasiparticle excitations in the three-dimensional perovskite manganite La$_{0.6}$Sr$_{0.4}$MnO$_3$[J]. Physical review letters,2016,116(7):076401.

[10] LI L, MORRIS J, KOEHLER M, et al. Structural and magnetic phase transitions in EuTi$_{1-x}$Nb$_x$O$_3$"[EB/OL]. 2015: arXiv:1505.05528. https://arxiv.org/abs/1505.05528".

[11] ALLIETA M, SCAVINI M, SPALEK L J, et al. Role of intrinsic disorder in the structural phase transition of magnetoelectric EuTiO$_3$[J]. Physical review B, 2012,85(18):184107.

[12] YANG Y R, REN W, WANG D W, et al. Understanding and revisiting properties of EuTiO$_3$ Bulk material and films from first principles[J]. Physical review letters,2012,109(26):267602.

[13] KOSTER G, KLEIN L, SIEMONS W, et al. Structure, physical properties, and applications of SrRuO$_3$ thin films[J]. Reviews of modern physics,2012,84(1): 253-298.

[14] KENNEDY B J, HUNTER B A. High-temperature phases of SrRuO$_3$[J]. Physical review B,1998,58(2):653-658.

[15] FU W T, VISSER D, KNIGHT K S, et al. High-resolution neutron powder diffraction study on the phase transitions in BaPbO$_3$[J]. Journal of solid state chemistry,2007,180(5):1559-1565.

[16] FU W T, VISSER D, KNIGHT K S, et al. Temperature-induced phase transitions in BaTbO$_3$[J]. Journal of solid state chemistry,2004,177(4/5):1667-1671.

[17] KUSUSE Y, YOSHIDA S, FUJITA K, et al. Structural phase transitions in EuNbO$_3$ perovskite[J]. Journal of solid state chemistry,2016,239:192-199.

[18] ISHIKAWA K, ADACHI G Y, HASEGAWA M, et al. Electrical properties of divalent europium niobium bronzes Eu$_x$NbO$_3$[J]. Journal of the electrochemical society, 1981, 128(6): 1374-1377.

[19] ZUBKOV V G, TYUTYUNNIK A P, PERELIAEV V A, et al. Synthesis and structural, magnetic and electrical characterisation of the reduced oxoniobates BaNb$_8$O$_{14}$, EuNb$_8$O$_{14}$, Eu$_2$Nb$_5$O$_9$ and Eu$_x$NbO$_3$ ($x=0.7, 1.0$)[J]. Journal of alloys and compounds, 1995, 226(1/2): 24-30.

[20] KRESSE G, JOUBERT D. From ultrasoft pseudopotentials to the projector augmented-wave method[J]. Physical review B, 1999, 59(3): 1758-1775.

[21] KRESSE G, FURTHMÜLLER J. Efficient iterative schemes for ab initio total-energy calculations using a plane-wave basis set[J]. Physical review B, 1996, 54(16): 11169-11186.

[22] GLAZER A M. The classification of tilted octahedra in perovskites[J]. Acta crystallographica section B, 1972, 28(11): 3384-3392.

[23] WOLLAN E O, KOEHLER W C. Neutron diffraction study of the magnetic properties of the series of perovskite-type compounds [$(1-x)$La, xCa]MnO$_3$[J]. Physical review, 1955, 100(2): 545-563.

[24] KNIŽEK K, HEJTMÁNEK J, JIRAK Z, et al. Structure, magnetism, and transport properties of Pr$_{1-x}$Sr$_x$MnO$_3$ ($x=0.45\sim0.75$) up to 1 200 K[J]. ChemInform, 2004, 35(23): 1104-1110.

[25] STRUKOVA G K, SHOVKUN D V, ZVEREV V N, et al. On the superconducting and magnetic properties of HoNbO$_{3-\delta}$ and EuNbO$_{3-\delta}$ complex oxides[J]. Physica C: superconductivity, 2001, 351(4): 363-370.

[26] AKAMATSU H, KUMAGAI Y, OBA F, et al. Antiferromagnetic superexchange via 3d states of titanium in EuTiO$_3$ as seen from hybrid Hartree-Fock density functional calculations[J]. Physical review B, 2011, 83(21): 214421.

[27] ANDERSON P W. Antiferromagnetism. theory of superexchange interaction[J]. Physical review, 1950, 79(2): 350-356.

[28] SHAFER M W. Preparation and crystal chemistry of divalent europium compounds[J]. Journal of applied physics, 1965, 36(3): 1145-1152.

[29] SOUZA-NETO N M, HASKEL D, TSENG Y C, et al. Pressure-induced electronic mixing and enhancement of ferromagnetic ordering in EuX (X=Te, Se, S, O) magnetic semiconductors[J]. Physical review letters, 2009, 102(5): 057206.

[30] KUNES J, KU W, PICKETT W E. Exchange coupling in Eu monochalcogenides from first principles[J]. Journal of the physical society of Japan, 2005, 74(5): 1408-1411.

第 12 章　Nb 掺杂诱导 $LaMn_{1-x}Nb_xO_3$ 的绝缘体-金属转变研究

本章采用基于密度泛函理论(DFT)的第一性原理计算,系统研究了 Nb 掺杂 $LaMn_{1-x}Nb_xO_3$ ($x=0,0.25,0.5,0.75$)的结构和电磁性质。计算结果表明,所有的 $LaMn_{1-x}Nb_xO_3$ 都稳定在正交结构上。$LaMn_{1-x}Nb_xO_3$ 当 $x<0.5$ 时为 A 型反铁磁绝缘体,在 $x=0.5$ 和 0.75 时为 G 型反铁磁金属。随着 Nb 掺杂量增加,当 $x=0.5$ 时掺杂电子占据导带的底部,系统产生绝缘体-金属转变。这意味着 $LaMn_{1-x}Nb_xO_3$ 在电子器件上可能有重要的应用。另外,$LaMn_{1-x}Nb_xO_3$ 在 $x=0.25$ 和 0.75 时出现了自旋玻璃行为。

12.1　引言

掺杂钙钛矿结构锰氧化物受到人们的广泛关注是由于它们表现了很多有用的现象和在电子器件上的应用,这些现象包括巨磁电阻现象[1]、磁热效应[2-3]等。锰氧化物的一个基本特征就是电荷、轨道、自旋和晶格自由度之间的强烈相互作用,掺杂将导致其出现包括各种结构相和磁电相的复杂相图[4]。

$LaMnO_3$ 是锰氧化物中典型的一种,具有 ABO_3 型钙钛矿结构的反铁磁性绝缘体[5],室温下拥有正交结构,空间群为 Pnma。掺杂会导致 $LaMnO_3$ 的磁电性质发生变化,产生丰富的相图。到目前为止,La 位和 Mn 位掺杂 $LaMnO_3$ 的研究取得了一定的研究成果。$La_{1-x}Ca_xMnO_3$ 在 $0.2<x<0.5$ 发生了一个从低温铁磁金属相到高温顺磁绝缘相的转变[6]。通过杂化泛函理论计算,Korotana 等[7]研究了 $La_{1-x}Ca_xMnO_3$ 的电磁性质,为 $LaMnO_3$ 和 $La_{0.75}Ca_{0.25}MnO_3$ 的电子结构提供了正确的描述。Sultan 等[8]研究了 Ca 掺杂 $La_{1-x}Ca_xMnO_3$ 薄膜的结构和电磁性质,研究发现,所有薄膜都具有单相的正交结构,物理属性是 Ca 掺杂量的函数。Wang 等[9]报道了一种新的方法合成外延 $La_{1-x}Sr_xMnO_3$ 薄膜;Zhao 等[10]和 Wang 等[11]分别研究 Sr 掺杂 $La_{1-x}Sr_xMnO_3$ 作为锂氧电池的电催化剂和太阳能电池负极材料方面的应用。Zhao 等[12]研究了 Mn 掺杂 $LaMn_xFe_{1-x}O_3$ 的电阻和氧化活性的影响,研究发现 $LaMn_xFe_{1-x}O_3$ 中包含了 Mn^{3+}、Mn^{4+}、Fe^{2+}、Fe^{3+} 和 Fe^{4+} 价态。早在 20 世纪 50 年代就对 Cr 掺杂 $LaMn_xCr_{1-x}O_3$ 开展了研究[13],研究发现 Cr 掺杂会导致 $LaMnO_3$ 发生反铁磁绝缘相到铁磁相的转变,但 Mn^{3+} 和 Cr^{3+} 的相互作用机制一直辩论了很长时间[14-16]。Ramos 等[17]采用 X 射线吸收谱和 X 射线磁性源二色性仪研究了 Cr 掺杂 $LaMnO_3$ 的磁性质,研究发现低含量 Cr 掺杂时 $LaMn_xCr_{1-x}O_3$ 有铁磁性出现,Cr^{3+} 和 Mn^{3+} 网状磁元素是反铁磁耦合。到目前为止,关于 Mn 位 Nb 掺杂 $LaMnO_3$ 实验和理论上都没有人研究过,理论上研究 Nb 掺杂的 $LaMnO_3$ 的电子结构和磁属性,对未来 $LaMn_{1-x}Nb_xO_3$ 在电子器件上的应用有重要的预言和指导意义。

本章采用密度泛函理论(DFT)的广义梯度近似加上 U 的方法(GGA+U)对 $LaMn_{1-x}Nb_xO_3$ 的结构和电磁性质进行了第一原理计算,并对结果进行了分析。

12.2 计算方法

通过在第一性原理模拟软件包(VASP)采用 PAW 赝势[18-19],基于密度泛函理论(DFT)对 $LaMn_{1-x}Nb_xO_3$($x=0,0.25,0.5$ 和 0.75)的结构和电磁性质进行第一原理计算。对于交换相关函数,我们使用 GGA+U 与 PBE 方案。所有计算均用 Hubbard $U=4$ 和 $J=0.1$ 应用于 Mn 原子的 d 轨道,经过计算测试发现采用这些参数时 $LaMnO_3$ 表现为反铁磁绝缘体,和实验[1]很好地一致。首先,为了研究 $LaMn_{1-x}Nb_xO_3$ 的结构和电磁性能,建立了一个由 20 个原子组成 $LaMnO_3$ 晶胞[见图 12.1(a)],充分弛豫后获得到优化后的结构。接下来,$LaMnO_3$ 晶胞中的 Mn 原子按照 $x=0.25,0.5,0.75$ 比例用 Nb 原子替代来计算 $LaMn_{1-x}Nb_xO_3$ 物理性质。考虑 $LaMn_{1-x}Nb_xO_3$ 每个可能的替代原子位置和磁结构,计算过程中优化了每个结构的原子位置和晶格参数。计算每个测试结构的总能量,总能量最低的就是基态。电子的平面波截断能量为 400 eV。使用 M 点为中心的 $8\times6\times8$ k 点进行 $LaMn_{1-x}Nb_xO_3$($0\leqslant x\leqslant 0.75$)的电子结构计算。赝势中 6 个电子($2s^2 2p^4$)、3 个电子($5d^1 6s^2$)、5 个电子($4d^4 5s^1$)和 7 个电子($3d^5 4s^2$)分别对应于 O、La、Nb 和 Mn 原子的价电子。在连续迭代过程中,电子自洽计算收敛于两个连续的电子步为 10^{-5} eV,结构弛豫计算 Hellman-Feynman 力计算收敛到小于 10^{-3} eV/Å。

12.3 结果与讨论

12.3.1 晶体结构

图 12.1 是优化后 $LaMn_{1-x}Nb_xO_3$($x=0,0.25,0.5,0.75$)基态的晶体结构图。基态中,$LaMn_{0.75}Nb_{0.25}O_3$ 的晶胞结构是由 Mn4 位置处的 1 个 Mn 原子被 Nb 原子替换所形成的,$LaMn_{0.5}Nb_{0.5}O_3$ 的晶胞结构则是由 Mn3、Mn4 位置处的 2 个 Mn 原子被 2 个 Nb 原子替换所形成的;当用 3 个 Nb 原子分别代替 Mn2、Mn3、Mn4 位置处的 3 个 Mn 原子时则形成了 $LaMn_{0.25}Nb_{0.75}O_3$ 的基态结构。经过充分优化后,Nb 掺杂的 $LaMn_{1-x}Nb_xO_3$($x=0,0.25,0.5,0.75$)都稳定在正交结构上。室温下 $LaMnO_3$ 是一个典型的正交结构,空间群为 Pnma。如图 12.1(a)所示,1 个 Mn 原子被 6 个 O 原子包围,形成了锰氧配位八面体结构,Mn 原子位于八面体的中心。实验上,$LaMnO_3$ 的晶格常数为[14] $a=5.743\ 4$ Å,$b=7.696\ 5$ Å,$c=5.537\ 4$ Å,晶胞体积 $V=244.772\ 4$ Å^3。当前计算(见表 12.1)得到 $LaMnO_3$ 的晶格常数为 $a=5.808\ 4$ Å,$b=7.653\ 9$ Å,$c=5.526\ 7$ Å,晶胞体积 $V=245.700\ 0$ Å^3。计算结果与实验值吻合得非常好,体积误差在 0.3% 左右。表 12.1 列出了 $LaMn_{1-x}Nb_xO_3$($x=0,0.25,0.5,0.75$)的晶格常数 a、b、c,体积 V,键长 $d_{(Mn1-O1)}$、$d_{(Mn1-O2)}$ 和 Mn1—O1—Mn2 键角。如表 12.1 所示,随着 Nb 掺杂浓度的增加,晶格常数和 Mn—O 键长产生曲折变化,Mn1—O1—Mn2 键角逐渐减小,体积 V 逐渐增大。随着 Nb 掺杂浓度的增加 $LaMn_{1-x}Nb_xO_3$ 体积增大主要是由于 Nb^{3+} 的离子半径(0.69 Å)大于 Mn^{3+} 的离子半径(0.66 Å)所导致的。

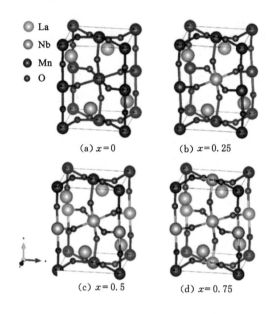

图 12.1 优化后 $LaMn_{1-x}Nb_xO_3$ 的晶体结构图

表 12.1 $LaMn_{1-x}Nb_xO_3$ 的晶格常数、Mn—O 键长和 Mn—O—Mn 键角

x	0	0.25	0.5	0.75
a/Å	5.808 4	5.772 1	5.849 0	5.864 5
b/Å	7.653 9	8.025 2	7.990 2	7.969 6
c/Å	5.526 7	5.590 6	5.615 7	5.621 6
V/Å^3	245.700 0	258.962 3	262.440 0	262.733 1
$d_{(Mn1-O1)}$/Å	1.934 0	2.139 8	2.111 4	2.176 1
$d_{(Mn1-O2)}$/Å	1.981 8	2.078 9	2.179 3	2.096 6
Mn1—O1—Mn2(Nb)/(°)	153.553 4	151.275 8	146.641 1	145.042 7

12.3.2 磁属性

表 12.2 列出了 $LaMn_{1-x}Nb_xO_3$ ($x=0, 0.25, 0.5, 0.75$) 不同磁结构的总能量。计算结果表明,$LaMnO_3$ 的基态为 A 型反铁磁性绝缘体,这与实验结果[1]是一致的。$LaMnO_3$ 的 G 型和 C 型反铁磁态以及铁磁态的总能量比 A 型反铁磁分别高 0.255 eV/晶胞、0.314 eV/晶胞和 0.016 eV/晶胞。对于 $LaMn_{1-x}Nb_xO_3$ ($x=0.25, 0.5, 0.75$) 的结构,我们计算了铁磁、A 型、G 型和 C 型反铁磁态[20],发现 $LaMn_{0.75}Nb_{0.25}O_3$ 的基态是 A 型反铁磁态,$LaMn_{0.5}Nb_{0.5}O_3$ 和 $LaMn_{0.25}Nb_{0.75}O_3$ 的基态是 G 型反铁磁态。$LaMn_{0.75}Nb_{0.25}O_3$、$LaMn_{0.5}Nb_{0.5}O_3$ 和 $LaMn_{0.25}Nb_{0.75}O_3$ 的基态的总能量分别为 -165.981 eV,-169.120 eV,-171.583 eV。

表 12.2　$LaMn_{1-x}Nb_xO_3$ ($x=0, 0.25, 0.5, 0.75$) 不同磁结构的总能量　　单位：eV/晶胞

x	0	0.25	0.5	0.75
A-AFM	−159.924	−165.981	−169.102	−171.572
C-AFM	−159.669	−165.960	−169.109	−171.552
G-AFM	−159.610	−165.811	−169.120	−171.583
FM	−159.908	−165.813	−169.104	−171.562

为了更好地理解 $LaMn_{1-x}Nb_xO_3$ 的磁属性，表 12.3 列出了 $LaMn_{1-x}Nb_xO_3$ ($x=0, 0.25, 0.5, 0.75$) 基态的总磁矩和原子磁矩。La 磁矩为 $0~\mu_B$，O 原子的磁矩几乎为 $0~\mu_B$，在表 12.3 中没有列出来。如表 12.3 所示，随着 Nb 掺杂量的增加，基态 $LaMn_{1-x}Nb_xO_3$ ($x=0, 0.25, 0.5, 0.75$) 的总磁矩发生曲折变化。$LaMnO_3$ 基态中，所有 Mn^{3+} 离子磁矩大小相等，与近邻的离子时刻反平行排列，使得总磁矩为 $0~\mu_B$。$LaMn_{0.75}Nb_{0.25}O_3$ 基态也为 A 型反铁磁结构，由于一个 Nb^{3+} 离子替代一个 Mn^{3+} 离子后，替代的 Nb^{3+} 离子磁矩比 Mn^{3+} 离子磁矩小很多而导致总磁矩为 $-3.895~\mu_B$。基态 $LaMn_{0.5}Nb_{0.5}O_3$ 为 G 型反铁磁，总磁矩为 $0.001~\mu_B$。$LaMn_{0.25}Nb_{0.75}O_3$ 也为 G 型反铁磁结构，总磁矩为 $-4.829~\mu_B$，表现出较强的磁性，也是由于 Nb^{3+} 离子磁矩比 Mn^{3+} 离子磁矩小很多所导致的。Nb 掺杂量不同引起系统不对称导致自旋极化程度不同。$LaMn_{0.75}Nb_{0.25}O_3$ 和 $LaMn_{0.25}Nb_{0.75}O_3$ 都是奇数个 Nb^{3+} 离子替代 Mn^{3+} 离子，由于替代的 Nb^{3+} 离子磁矩比 Mn^{3+} 离子磁矩小很多而导致较大的总磁矩。尽管 $LaMn_{0.75}Nb_{0.25}O_3$ 和 $LaMn_{0.25}Nb_{0.75}O_3$ 是反铁磁结构，但仍然表现出一定的磁性，实验上应该可以发现自旋玻璃行为，这有待于实验去进一步验证。这意味着 $LaMn_{1-x}Nb_xO_3$ 可能在电子器件上有重要的应用。

表 12.3　$LaMn_{1-x}Nb_xO_3$ 基态的原子磁矩和总磁矩　　单位：μ_B

x	原子位置	原子磁矩	总磁矩
0	Mn1	3.905	0.000
	Mn2	3.836	
	Mn3	−3.905	
	Mn4	−3.835	
0.25	Mn1	−4.464	−3.895
	Mn2	−4.058	
	Mn3	4.572	
	Nb(Mn4)	0.036	
0.5	Mn1	−4.540	0.001
	Mn2	4.541	
	Nb(Mn3)	−0.364	
	Nb(Mn4)	0.361	

表 12.3(续)

x	原子位置	原子磁矩	总磁矩
0.75	Mn1	−4.562	
	Nb(Mn2)	0.388	−4.829
	Nb(Mn3)	−0.104	
	Nb(Mn4)	−0.420	

12.3.3 电子结构

根据当前 GGA+U 方法的计算结果，$LaMn_{1-x}Nb_xO_3$ 在 $x=0, 0.25$ 时表现为绝缘基态，而在 $x=0.5, 0.75$ 时则表现为金属基态。图 12.2 给出了 $LaMn_{1-x}Nb_xO_3$ 的总态密度和各原子的分波态密度。图 12.2 中能量范围从 −8 eV 到 3 eV，费米面在能量为零的位置。由于 $LaMn_{1-x}Nb_xO_3$ ($x=0, 0.25, 0.5, 0.75$) 的价带和导带中 La 原子没有贡献，所以我们只关注 Mn 3d 带、O 2p 带和 Nb 4d 带的分波态密度，而 La 的分波态密度被忽略。

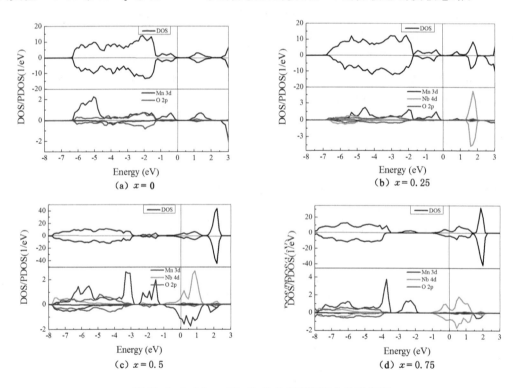

图 12.2 $LaMn_{1-x}Nb_xO_3$ 的总态密度和分波态密度

众所周知，$LaMnO_3$ 在室温下为反铁磁性绝缘体[1]，与当前的计算结果一致[见图 12.2(a)]。图 12.2(a) 是 $LaMnO_3$ 的总态密度和分波态密度。$LaMnO_3$ 的价带和导带都是由 Mn 3d 轨道和 O 2p 轨道组成的，一个大约是 0.7 eV 的带隙在价带和导带之间打开。在 Mn 3d 和 O 2p 之间出现了明显的杂化。$LaMn_{0.75}Nb_{0.25}O_3$ 的价带导带组成、绝缘性与 $LaMnO_3$ 类似。二者不同之处在于：$LaMnO_3$ 态密度无磁矩、自旋上和自旋下完全对称，而 $LaMn_{0.75}Nb_{0.25}O_3$

有磁矩，自旋上和自旋下不完全对称。$LaMn_{0.75}Nb_{0.25}O_3$ 的带隙为 0.5 eV 左右。

对于 $LaMn_{1-x}Nb_xO_3(x=0.5,0.75)$，情况就不一样了，它们都表现了明显的金属性。也就是说，Nb 掺杂导致 $LaMn_{1-x}Nb_xO_3$ 在 $x=0.5$ 时发生了绝缘体-金属转变，这可能使得 $LaMn_{1-x}Nb_xO_3$ 在电子器件上有重要的应用，未来的实验可以进一步验证。图 12.2(c)所示是 $LaMn_{0.5}Nb_{0.5}O_3$ 的总态密度和分波态密度。O 2p 和 Mn 3d、Nb 4d 之间都有杂化。Mn 3d、Nb 4d 和 O 2p 带跨越费米面，导致金属态出现。可以清楚地看到，由于 Nb 取代 Mn，掺杂电子占据导带的底部，从而费米能级向上移动到导带中。费米能级处的总态密度大约为 4 态/eV。这进一步证明 Nb 掺杂的 $LaMn_{1-x}Nb_xO_3$ 经历了绝缘体-金属转变。对于 $LaMn_{0.25}Nb_{0.75}O_3$，O 2p 与 Mn 3d、Nb 4d 间的杂化较 $LaMn_{0.5}Nb_{0.5}O_3$ 的要弱。Nb 4d 带跨越费米面导致 $LaMn_{0.25}Nb_{0.75}O_3$ 金属性出现。由于有磁矩，尽管 $LaMn_{0.25}Nb_{0.75}O_3$ 是反铁磁态，但自旋上和自旋下的态密度不具有严格的对称性。

12.4 结论

基于第一原理计算研究了 Nb 掺杂的 $LaMn_{1-x}Nb_xO_3(x=0,0.25,0.5,0.75)$ 的结构和电磁性质。计算结果表明，$LaMn_{1-x}Nb_xO_3$ 在 $x=0$ 和 0.25 的基态是 A 型反铁磁性绝缘体，$LaMn_{1-x}Nb_xO_3$ 在 $x=0.5$ 和 0.75 的基态是 G 型反铁磁性金属。在 $x=0.5$ 出现了绝缘体-金属转变意味着 $LaMn_{1-x}Nb_xO_3$ 在电子器件上可能会有重要的应用。

参考文献

[1] SALAMON M B, JAIME M. The physics of manganites: structure and transport [J]. Reviews of modern physics, 2001, 73(3): 583-628.

[2] GSCHNEIDNER K A Jr, PECHARSKY V K. Magnetocaloric materials [J]. Annual review of materials science, 2000, 30: 387-429.

[3] PHAN M H, YU S C. Review of the magnetocaloric effect in manganite materials [J]. Journal of magnetism and magnetic materials, 2007, 38(8): 325-340.

[4] DAGOTTO E, HOTTA T, MOREO A. Colossal magnetoresistant materials: the key role of phase separation [J]. Physics reports, 2001, 344(1/2/3): 1-153.

[5] ALONSO J A, MARTÍNEZ-LOPE M J, CASÁIS M T, et al. Magnetic structures of $LaMnO_{3+\delta}$ perovskites ($\delta=0.11, 0.15, 0.26$) [J]. Solid state communications, 1997, 102(1): 7-12.

[6] SCHIFFER P, RAMIREZ A P, BAO W, et al. Low temperature magnetoresistance and the magnetic phase diagram of $La_{1-x}Ca_xMnO_3$ [J]. Physical review letters, 1995, 75(18): 3336-3339.

[7] KOROTANA R, MALLIA G, GERCSI Z, et al. A hybrid-exchange density functional study of Ca-doped $LaMnO_3$ [J]. Journal of applied physics, 2013, 113(17): 17A910.

[8] SULTAN K, IKRAM M, GAUTAM S, et al. Electrical and magnetic properties of

the pulsed laser deposited Ca doped LaMnO$_3$ thin films on Si (100) and their electronic structures[J]. RSC advances,2015,5(85):69075-69085.

[9] WANG Y S,ZHANG M H,MELETIS E. On the novel biaxial strain relaxation mechanism in epitaxial composition graded La$_{1-x}$Sr$_x$MnO$_3$ thin film synthesized by RF magnetron sputtering[J]. Coatings,2015,5(4):802-815.

[10] ZHAO Y, HANG Y, ZHANG Y et al,. Strontium-doped perovskite oxide La$_{1-x}$Sr$_x$MnO$_3$($x=0,0.2,0.6$) as a highly efficient electrocatalyst for nonaqueous Li-O$_2$ batteries[J]. Electrochimica acta,2017,232:296-302.

[11] WANG R, WURTH M, PAL U B,et al. Roles of humidity and cathodic current in chromium poisoning of Sr-doped LaMnO$_3$-based cathodes in solid oxide fuel cells[J]. Journal of power sources,2017,360:87-97.

[12] ZHAO K,HE F,HUANG Z,et al. Perovskite-type LaFe$_{1-x}$Mn$_x$O$_3$($x=0,0.3$, 0.5,0.7,1.0) oxygen carriers for chemical-looping steam methane reforming: oxidation activity and resistance to carbon formation[J]. Korean journal of chemical engineering,2017,34(6):1651-1660.

[13] BENTS U H. Neutron diffraction study of the magnetic structures for the perovskite-type mixed oxides La(Mn,Cr)O$_3$[J]. Physical review,1957,106(2): 225-230.

[14] MORALES L,ALLUB R,ALASCIO B,et al. Structural and magnetotransport properties of LaMn$_{1-x}$Cr$_x$O$_{3.00}$($0 \leqslant x \leqslant 0.15$): evidence of Mn^{3+}-O-Cr^{3+} double-exchange interaction[J]. Physical review B,2005,72(13):132413.

[15] BARNABÉ A, MAIGNAN A, HERVIEU M, et al. Extension of colossal magnetoresistance properties to small A site cations by chromium doping in Ln$_{0.5}$Ca$_{0.5}$MnO$_3$ manganites [J]. Applied physics letters, 1997, 71 (26): 3907-3909.

[16] TERASHITA H,CEZAR J C,ARDITO F M,et al. Element-specific and bulk magnetism,electronic, and crystal structures of La$_{0.70}$Ca$_{0.30}$Mn$_{1-x}$Cr$_x$O$_3$[J]. Physical review B,2012,85(10):104401.

[17] RAMOS A Y, TOLENTINO H C N, SOARES M M, et al. Emergence of ferromagnetism and jahn-teller distortion in LaMn$_{1-x}$Cr$_x$O$_3$($x0.15$)[J]. Physical review B,2013,87(22):220404.

[18] KRESSE G, JOUBERT D. From ultrasoft pseudopotentials to the projector augmented-wave method[J]. Physical review B,1999,59(3):1758-1775.

[19] KRESSE G,FURTHMÜLLER J. Efficient iterative schemes for ab initio total-energy calculations using a plane-wave basis set[J]. Physical review B,condensed matter,1996,54(16):11169-11186.

[20] WOLLAN E O, KOEHLER W C. Neutron diffraction study of the magnetic properties of the series of perovskite-type compounds [(1−x)La,xCa]MnO$_3$ [J]. Physical review,1955,100(2):545-563.

第13章 二氧化钒相的结构和电磁性质统一的带理论描述

关于二氧化钒（VO_2）的绝缘相是可以用能带理论来描述，还是必须引用强电子关联的争论，即使经过几十年的研究，仍然没有解决。本章使用杂化交换泛函（包括自能修正的能带计算）解释了不同相的绝缘或金属性，但尚未成功解释观测到的磁有序。强相关理论在数量上成功有限。在此，我们认为，通过使用硬赝势和优化的杂化交换泛函，单斜 VO_2 相的能隙和磁有序以及高温金红石相的金属性与已有的实验数据一致，无须过多地考虑强关联的作用。同时，我们还发现了新的金属单斜相的潜在候选对象。

13.1 引言

二氧化钒（VO_2）在 340 K[1] 下表现出从绝缘相到金属相的一级相变，伴随着从单斜 M1 相到四方金红石（R）相的结构相转。由于在温度调制的存储材料[2]和智能窗口[3]以及光电子器件[3]等方面的应用，VO_2 得到了深入研究。它也被视为理解固体中绝缘体到金属转变的模型系统[4-7]。VO_2 的 M1 相的带隙为 $0.6 \sim 0.7$ eV[8-9]，在室温附近可视为非磁性（NM）[10]，而金属 R 相在转变温度以上为顺磁性（PM）[9,11]。除了这两个相之外，实验得出的 VO_2 相图[11-12]还包括第二个绝缘单斜相 M2，其可在掺杂或应变 VO_2 单晶[13-14]、薄膜[15-16]和纳米束[17]中稳定。在室温附近高压下[18]和薄膜[19-20]中也发现了稳定的金属单斜相。这些相可能与超快实验中已经报道的瞬态金属单斜态有关[21-22]。

半个世纪以来，VO_2 相的理论描述一直存在争议。争论主要集中在绝缘相是可以用单准粒子能带理论来描述，还是带隙是由 Mott-Hubbard（莫特-哈伯德）意义上的强关联所引起的[13-14,23-24]。1971 年，Goodenough[25]提出 VO_2 中的带隙可以起源于 V—V 键的形成。但 1975 年，Zylberszteyn 等[26]提出 VO_2 中的带隙主要来源于强电子关联，这种观点随后得到了实验数据的支持，实验数据显示出与通常、非材料特定关联电子模型哈密顿量的预测相似的行为[23,27]。1994 年，基于交换关联势的局部密度近似（LDA），M1 相的密度泛函理论（DFT）计算支持 V 原子的类 Peierls（派尔斯）二聚作用作为绝缘行为的根源[28]。然而，这些 DFT 计算并没有产生真正的带隙，这一失败强化了 Mott-Hubbard 带隙描述论点[27]。2005 年，Biermann 等[29]进行了动态平均场理论（DMFT）计算，有效地将电子关联构建到 DFT-LDA 计算中，从而使能隙为零。他们发现 M1 相的带隙不为零，但得出结论，M1 不是传统的莫特绝缘体；相反，有限的带隙归因于相关辅助的 Peierls 跃迁。Weber 等[30]的计算进一步证实了强关联在打开带隙方面的作用。

在过去的十几年中，单粒子理论已经得到了广泛的探索和实验数据的检验。2007 年，Gatti 等[31]使用 Lars[32]的单电子格林函数 GW 近似计算 VO_2 能带，该函数将 Hartree-Fock（HF）近似中的库仑势替换为与能量相关的屏蔽库仑相互作用。这些计算获得了 M1 相的能隙和金属的金红石相。2011 年，Eyert[33]报告了使用杂化交换相关函数的能带计算获得了令人满意的绝缘相能隙,复制了 Gatti 等[31]的成功,并解决了磁有序问题。其中局部交换势的一部分被 HF 交换所取代。虽然这一初步成功之后有学者进行了更全面的研究[34-36],但尚未发现单一交换相关函数能够再现观察到 VO_2 相的能隙和磁有序,因此带理论对 VO_2 的适用性仍存在争议。此外,不依赖于泛函选择的固定节点扩散量子蒙特卡罗计算也预测了适当的带隙,而不再现观测到的磁有序[37]。

本研究中,我们在 VO_2 相的能带计算中引入了两个新元素:① 更硬的氧和钒的赝势;② 交换相关势杂化泛函中的优化混合参数。计算得到的 VO_2 的 R、M1 和 M2 相的晶格常数、带隙和磁性与现有的实验数据一致。此外,计算的 M1 和 R 相的态密度与实验 X 射线光电子能谱(XPS)数据在数量上是一致的。这些杂化的 DFT 计算的成功表明,能带理论可以描述 VO_2 相,而无须考虑强关联。此外,计算预测了一种新的单斜相,其晶体结构介于 M1 和 R 之间,我们称之为 M0 态。M0 相是铁磁性的,是 VO_2 在绝对零度时的基态。液氮温度下的旧数据[38-39]表明在接近零温下存在这样一个相,但需要更全面的数据来证实这一预测。M0 也可能是最近发现的有限温度下 VO_2[18-20]的金属单斜相的候选对象。

13.2 计算方法

每个 VO_2 相的杂化密度泛函计算都使用平面波基和 PAW 方法[40],通过 VASP 软件包[41]来实现计算。计算了几种磁结构,以确定每个 VO_2 相的磁有序。交换和关联由调谐了的 PBE0 杂化泛函[42-43]来描述,其中包含 7% 的 HF 交换,由此产生的 M1 相的能隙与实验一致。这些计算提供了对钒原子和氧原子更准确的描述,原因有二。首先,13 个电子($3s^2 3p^6 3d^4 4s^1$)被视为钒的价电子,而不是典型的 11 个电子[33,35]。对于氧原子,6 个电子($2s^2 2p^4$)通常被视为价电子。其次,这些计算中的氧赝势比通常使用的更硬(即核心半径更小)。反铁磁的 M1 相使用典型的氧赝势是亚稳的,但使用硬势是不稳定的,这反映了竞争效应之间的微妙平衡。赝势的硬度对磁有序有影响,因为它影响键长或键角,这种间接影响某个磁有序是否可以稳定的规律被称为 Goodenough-Kanamori 规则[44-46]。

此类材料也可能需要使用硬赝势进行描述。根据硬氧赝势的要求,将平面波截止能量设为 700 eV;800 eV 的截止能量没有引起明显的变化。所有布里渊区均采用基于 Γ 点为中心的 k 点网格。我们使用 3×3×3 网格计算 M1 和 M0 晶胞,每个晶胞包含 12 个原子;使用 4×4×6 网格计算 R 晶胞,每个晶胞包含 6 个原子;使用 1×2×2 网格计算 M2 晶胞,每个晶胞包含 24 个原子。迭代离子步的计算收敛于两个连续的离子步之间总能量差小于或等于 10^{-3} eV。电子自洽迭代收敛于在连续电子步迭代之间小于或等于 10^{-4} eV。通过在每个钒原子上分配一个 0、+1 或 −1 玻尔磁子的磁矩来设置初始磁结构,从而产生三种可能的初始结构:非磁(所有磁矩为 0)、铁磁(所有磁矩设置为 +1)和反铁磁(沿 V 链在 +1 和 −1 之间交替的磁矩)。在电子结构的自洽性计算中,所有原子上的磁矩都允许变化。

13.3 结果与讨论

图 13.1 所示是优化后的晶体结构,它们具有实验结构的所有预期特征:M1 和 M0 相的所有 V—V 链都是倾斜的和二聚的,R 只有直的 V—V 链,单斜 M2 相既有直的二聚 V—V

链也有未经二聚但倾斜的反铁磁 V—V 链[14,20,47-49]。除定性研究一致性外,计算的晶格常数和角以及 V—V 键长和 V—V 键角与相应的实验值也非常一致(见表 13.1)。尽管我们的晶格常数和 V—V 键长度略小于相应的实验值,但密度泛函理论计算模拟的是温度为 0 K 下的原子,而不是实验可用的有限温度。

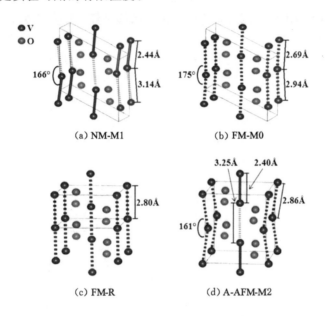

图 13.1 不同 VO$_2$ 相优化后的结构

表 13.1 本工作和实验的晶格常数、V—V 键长、V—V 键角的对比

		M1		mM		FM-M0		R		M2	
		实验[47]	本研究	实验[20]	本研究	实验[48]	本研究	实验[48]	本研究	实验[49]	本研究
a/Å		5.75	5.53	5.69	5.59	4.55	4.42	4.55	4.42	9.07	8.98
b/Å		4.54	4.51	4.59	4.50	4.55	4.42	4.55	4.42	5.80	5.65
c/Å		5.38	5.28	5.29	5.29	2.85	2.80	2.85	2.80	4.53	4.48
$\alpha、\gamma$/(°)		90	90	90	90	90	90	90	90	90	90
β/(°)		122.65	121.93	122.61	122.05	90	90	90	90	91.88	91.88
V—V 键/Å	短	2.62	2.44	2.72	2.69					2.54	2.40
	中					2.85	2.80	2.85	2.80	2.93	2.86
	长	3.17	3.14	2.98	2.94					3.26	3.25
V—V 键角/(°)		168	166		175	90	90	90	90	162	161

注:对比的是铁磁 M0 相的值和单斜金属态的 X 射线吸收精细结构测量的值。

首先,我们考虑 R 相的磁性和电性质。实验表明,R 相在温度高于 340 K 转变温度时是顺磁(PM-R)[8,50]。根据目前的计算,反铁磁 R(AFM-R)和非磁 R 的总能量比铁磁 R(FM-R)分别高 125 meV/f.u. 和 140 meV/f.u.。尽管计算预测 FM-R 为 R 的基态,但密度泛函理论计算的温度(0 K)远低于任何假设的 R—VO$_2$ 的居里温度。

然而，VO$_2$的晶体结构在340 K以下为单斜晶体，我们无法直接将计算的铁磁基态与实验观察到的态进行比较，因此我们只能说明我们预测的FM-R相与实验观察的PM-R相的结果一致[8,50]。如表13.2所示，FM-R为金属，与实验[8,50]、DMFT计算[29]和之前的杂化函数计算[51]一致，但与其他杂化计算[35,52]不同。在图13.2(a)中，FM-R的总态密度与实验XPS光谱[53]和DMFT结果[29]进行了比较。态密度的整体形状与实验数据一致。特别是，在实验数据[53]、先前的DMFT结果（归因于下哈伯德带）[29]和GW计算（归因于等离子体激元）[31]中存在的-1.3 eV特征在本工作中计算的态密度中再现了。

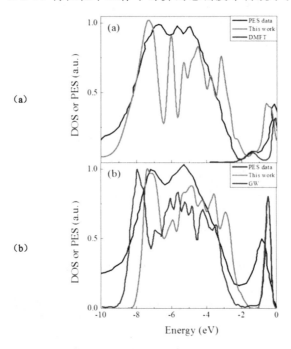

注：(a) 计算的FM-R相的态密度、实验光电发射光谱和LDA+DMFT计算的V 3d(t_{2g})光谱权重[29]；
(b) 本书计算的NM-M1的总态密度、低温绝缘M1相的实验[53]光电子能谱和GW计算的态密度[31]。
图13.2 理论计算FM-R相的态密度和实验的光电子能谱对比图

接下来我们考虑M1相的磁性和电性质。关于M1顺磁[8,50]和抗磁[54]磁化率的相互矛盾的报告表明，M1可能具有可忽略的磁化率，并且实验值可能受到设备参数的影响。因此，我们将其命名为抗磁，正如先前的作者所做的[35]。与之前的杂化密度泛函理论结果[33-35,51]相比，优化后的反铁磁M1相自旋构型弛豫到更稳定的抗磁M1相，但与实验[8,10,50]一致。如表13.2所示，我们获得的NM-M1相的带隙为0.63 eV，与实验值[8,9,53] 0.6~0.7 eV以及从DMFT[29-30]和GW[31]计算中获得的值非常一致。在图13.2中，NM-M1的总态密度与实验XPS光谱[53]和参考文献[31]中的GW态密度进行了比较。态密度的形状和-10 eV到0 eV的峰值位置与实验结果[53]和GW态密度一致。这一比较证实，目前的杂化密度泛函理论计算正确地再现了绝缘体相NM-M1的电子结构。

除了NM-M1和FM-R态外，目前的杂化密度泛函计算预测了稳定的铁磁态FM-M0相，其结构介于抗磁M1相和铁磁R相之间。在结构优化过程中，从铁磁M1开始的计算收敛于铁磁M0(FM-M0)。由于FM-M0的总能量比普遍接受的基态NM-M1的计算能量低约50

meV/f.u.,我们认为 VO₂ 在非常低的温度下可能是铁磁性的。较低的居里温度可以解释预测的铁磁性与在中等低温下的实验中观察到的有限磁化率之间的差异[38-39]。在 10 K 和约 340 K 的绝缘体-金属转变之间,磁化率很小[39],这强化了传统观点,即 NM-M1 相是 10 K 以上的稳定相。

表 13.2 实验和计算的 VO_2 相的磁基态和带隙

		实验	理论结果					
			本工作	HSE			GW	DMFT
				文献[33]c	文献[35]d	文献[34]	文献[31]	文献[29]g
磁基态	M0	FM/PM[38-39]a	FM					
	M1	NM[10,54]b	NM		AFM	AFM		
	M2	AFM[14]	A-AFM			FM		
带隙/eV	M1	0.6~0.7[8-9]	0.63	1.10	2.23(AFM) 0.98(NM)e		0.65	0.60
	M2	>0.10[60]	0.56	1.20				
	R	0[8-9]	0	0	1.43(FM) 0(NM)f		0	0

注:a 30 K 以下磁化率的差异强调了探索未知低温磁性的重要性。
  b 小的正磁化率测量结果[10]与另一份报告小的负磁化率的结果[54]不一致,险证我们计算获得的 M1 为抗磁的结论,类似于以前的作者[35]。
  c 通过假设实验中发现的磁态,计算了每个 VO_2 相的带隙。
  d 采用与 Eyert[33] 相同的非自旋极化计算参数,对每个潜在磁态进行自旋极化计算[35]。
  e 正确的磁相 NM-M1 有一个接近实验值的计算带隙。然而,AFM-M1 在计算上能量更低,差值超过预期值的 3 倍。
  f 带隙为 1.43 eV 的铁磁 R 态被计算为基态。然而,也获得了正确带隙为 0 的抗磁态,尽管能量更高。
  g 采用 DMFT 计算获得一个稳定的抗磁结构,但没有和其他磁态对比来确定基态。

值得注意的是,当允许初始磁矩在计算过程中发生变化时,AFM-M0 和 NM-M0 的初始构型都收敛于 NM-M1。除了 FM-M1 收敛于 FM-M0 这一事实外,这些计算还暗示了磁性自由度和结构自由度之间的复杂相互作用,并强调了在低温下进行更多磁性测量的必要性,以确认先前的实验结果[38-39]和我们的理论预测。换句话说,输入磁有序(FM 或 NM)时输出晶体结构(分别为 M0 或 M1)比输入晶体结构有更强的决定因素。同样有趣的是,我们的结果表明 VO₂(M0 和 R)的两个铁磁相都是半金属,就像 CrO_2[55-56] 一样,这表明过渡金属氧化物中的半金属性和铁磁性是相关的。与 NM-M1 类似,FM-M0 结构具有简单的单斜晶格,具有空间群 P21/c(C_{2h}^5, No.14) 和成对的曲折的 V—V 链。然而,如图 13.1(a)和(b)所示,NM-M1 和 FM-M0 的晶体结构表现出细微的差异。FM-M0 的短 V—V 键比 NM-M1 中相应键长,长 V—V 键比 NM-M1 中相应的键短。因此,FM-M0 晶体结构可被视为介于 NM-M1 和 FM-R 晶体结构之间的中间态。事实上,FM-M0 的短 V—V 键和长 V—V 键都比其 NM-M1 对应物更接近于在 FM-R 中发现的键长,这表明 FM-M0 中间态在结构上更接近于 FM-R 而不是 NM-M1。此外,FM-M0 的 175°键角也比 NM-M1 的 166°键角更接近 FM-R 中的 180°键角。这需要在居里温度以下进行衍射测量和光学或电学测量,以验证 FM-M0 态的结构和金属性。

在室温附近的薄膜[20]和高压下的单晶[18]中观察到稳定的金属单斜 VO_2 相(mM)。我们发现预测的 FM-M0 态和实验的金属单斜态的晶体结构和金属性非常相似,这表明 FM-M0 可能与这个金属单斜相有关。在薄膜[20]中,X 射线吸收精细结构光谱(XAFS)表明,当 VO_2 金属化时,短 V—V 键拉长,长 V—V 键缩短,锯齿形 V—V 链拉直[20],导致中间晶体结构出现,晶格常数和键长与表 13.1 所示 FM-M0 的几乎相同。压力相关拉曼光谱、中红外反射率、光学电导率测量证实了绝缘体-金属转变没有伴随从单斜相到金红石相的结构相转变[18]。然而,尽管 M2 相的出现导致了结构上的细微变化,但这既不能解释金属化,也不能解释中间拉曼光谱结果与 M2 或 M1 不同的事实[18]。相反,晶体结构与 M1 或 M2 稍有不同的单斜金属相(如 M0)可以解释薄膜样品中的金属单斜相[20]和高压下出现的金属单斜 VO_2 相[18]。预测的 FM-M0 和实验的金属单斜态具有相似的晶体结构和金属特征,表明 FM-M0 可能与该金属单斜相有关。

尽管过去几十年来,大多数关于 VO_2 的研究都集中在绝缘 M1 和金属 R 相之间的转变上,但多位学者[12,14,27,33,57]认为,M2 绝缘相可能是全面理解 VO_2 相变的关键。图 13.3 显示了指定为 A-AFM、G-AFM 和 C-AFM 的三种可能的反铁磁结构[58]。每种构型都代表了锯齿链的独特磁有序,而直链则没有磁矩。A 型和 G 型沿倾斜"之"字形 V—V 链显示出反平行磁矩[14]。对于 A-AFM,倾斜之字形链中 V 原子上的磁矩与下一个倾斜链上最近的 V 原子邻居的磁矩平行,而对于 G-AFM 和 C-AFM,它们是反平行的。然而,在 C-AFM 中,单链上所有钒原子的磁矩都是对齐的。

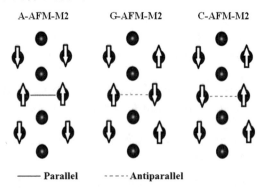

图 13.3　三种可能的 AFM-M2 磁结构示意图

我们的计算表明,A-AFM 是 M2 的最低能量构型,M2 的 G-AFM、C-AFM、FM 和 NM 构型的能量分别比 A-AFM 的高 4 meV/f.u.、27 meV/f.u.、16 meV/f.u. 和 32 meV/f.u.。虽然数值上是精确的,但近似泛函可能无法准确捕捉到 A-AFM 和 G-AFM 之间的小能量差(4 meV)。然而,A 型和 G 型 AFM-M2 均符合实验推导的模型,其中 M2 为反铁磁,局部磁矩仅存在于倾斜的锯齿形 V—V 链上[14]。同样,目前的计算表明,反铁磁构型的局部磁矩位于倾斜的 V—V 链上,而直的二聚链的磁矩可以忽略不计。计算的 A-AFM-M2 0.56 eV 的带隙与实验光电子能谱(PES)的一个大于 0.1 eV M2 带隙一致[59]。此外,我们的 0.56 eV 值与 Goodenough 等[60]提出的带隙模型一致,其中 M2 的带隙与 M1 的带隙相当,但小于 M1 的带隙(0.6~0.7 eV)。

关于 VO_2 的长期争论的核心是,这种材料的电子特性是否可以用能带理论更好地描述,能带理论中电子能否由单粒子晶体势的非相互作用准粒子表示,或者能否通过多体方法描述,把电子-电子相互作用明显地包含进去。原则上,能带理论可以描述任何给定的材料:基态性质可以用密度泛函理论描述,密度泛函理论是一种精确的理论,假设可以构造一个令人满意的交换相关势 $V_{xc}(r)$;激发态可以用 Hedin 的自能 GW 展开式 $\Sigma(r,r';E)$ 来描述,然后求解 Bethe-Salpeter(贝特-萨佩特)方程(BSE)[61] 以包括电子-空穴相互作用。和 Hedin 方程看起来都像薛定谔方程:密度泛函理论中的 $V_{xc}(r)$ 被非局部的、与能量相关的方程所取代,$\Sigma(r,r';E)$ 描述激发态。利用这些方程,我们可以计算获得准粒子能带,可以实现单粒子激发、激子(通过 BSE)和等离子体激元的计算(从单粒子介电函数实部的零点开始[62]),但是 $\Sigma(r,r';E)$ 通常是必不可少的[30]。标准程序是首先合理选择 V_{xc} 求解密度泛函理论方程,然后使用这些解构造 E_k,它们依次用于校正密度泛函理论能带。理想情况下,该过程应能实现自一致,以消除初始 V_{xc} 选择的影响。Gatti 等[31]已经证明,这一过程正确地预测了绝缘单斜 VO_2 的带隙,但数值程序相当烦琐,磁计算需要单独的、自洽的 GW 计算。杂化交换相关泛函尝试构成一种 $V_{xc}(r)$,该 $V_{xc}(r)$ 也可以作为一种与能量无关的局部近似 $\Sigma(r,r';E)$,称为 COHSEX(库仑空穴加屏蔽交换)近似[31]。事实是 $\Sigma(r,r';E)$ 是材料特有的,因此可以像本章所做的那样,在混合泛函中调整杂化参数。通过这种方式,调整了交换相关函数模型 $\Sigma(r,r';E)$ 的每种材料。类似的,哈伯德 U,存在于包含显式电子-电子相互作用的理论中,也经常被视为自由参数。在这里,我们已经证明,通过调整杂化泛函的混合参数并使用比通常更硬的赝势,单粒子方法正确地产生了 VO_2 相的电磁性质;然而,相变的基本性质在这里并没有讨论。

DFT 和 GW 计算可作为准粒子理论的严格定量测试。根据早期结论,强相关材料 VO_2 是基于多体哈密顿模型的。有学者将相变区域的实验数据与相应的模型行为进行了比较[24,27]。然而,在相变时出现关联行为并不一定意味着在远离相变的温度下,强关联仍然存在。基于强相关性的定量理论,如 LDA+U、GGA+U 和 DMFT,从一开始就假设通过 Hubbard 模型位参数 U 合并的强电子-电子相互作用占主导地位。对于 VO_2,LDA+U 产生单斜相和金红石相的绝缘行为[63];Biermann 等[29]和 Weber 等[30]的 DMFT 计算是基于零能隙 DFT 计算的,并发现需要强相关性来重现 Peierls 诱导能隙的观测值。然而,这些方法尚未被用于研究竞争磁有序。因此,只有当前基于能带理论的计算,才能重现实验观察到的所有 VO_2 相的结构和电磁性质。当前的能带理论、DMFT 和 GW/COHSEX 都给出了与实验一致的带隙值,这提出了以下挑战:如果 DMFT 和 GW/COHSEX 的计算要锚定在目前的杂化泛函带结构上,这会产生正确的能隙,而不是零带隙 LDA 能带结构,它们会保留这一带隙值吗?如果是这样的话,目前的杂化泛函所捕捉到的相关性的作用将是微不足道的。显然,这样的计算对于确定看似不相容的理论之间的一致性的起源是有价值的。

13.4 结论

我们的研究强调了杂化密度泛函方法功能的强大,该方法可以对所有主要 VO_2 相及其磁性产生全面的理论图像。我们利用杂化泛函和精确赝势的 DFT 计算成功地再现了 VO_2 的 M1、M2 和 R 相的电磁性质。这些杂化 DFT 计算的成功表明,尽管 VO_2 中的磁自由度和结构自由度之间存在异常大的耦合,但能带理论可以提供 VO_2 相的充分描述。考虑到初始磁结构对优化晶体结构的强烈影响,这项工作可能比以往任何时候都更清楚地显示了这种耦合的强度。此外,目前的计算预测了一种新的单斜铁磁金属态 VO_2,它解释了低温下的磁性数据,也是最近观察到的出现在薄膜或高压下的金属单斜相的候选对象。此外,M2 的反铁磁结构被预测为 A 型。高压下室温 VO_2 中铁磁性的实验验证,以及低温下非应力 VO_2 中的结构和电子测量,清楚地为未来的研究确定了重要的优先考虑的事项,以测试这些特定发现的有效性。

参考文献

[1] MORIN F J. Oxides which show a metal-to-insulator transition at the neel temperature[J]. Physical review letters,1959,3(1):34-36.

[2] DRISCOLL T,KIM H T,CHAE B G,et al. Memory metamaterials[J]. Science, 2009,325(5947):1518-1521.

[3] KASıRGA T S,SUN D,PARK J H,et al. Photoresponse of a strongly correlated material determined by scanning photocurrent microscopy [J]. Nature nanotechnology,2012,7(11):723-727.

[4] BRADY N F,APPAVOO K,SEO M,et al. Heterogeneous nucleation and growth dynamics in the light-induced phase transition in vanadium dioxide[J]. Journal of physics condensed matter:an institute of physics journal,2016,28(12):125603.

[5] BUDAI J D,HONG J W,MANLEY M E,et al. Metallization of vanadium dioxide driven by large phonon entropy[J]. Nature,2014,515(7528):535-539.

[6] APPAVOO K,LEI D Y,SONNEFRAUD Y,et al. Role of defects in the phase transition of VO_2 nanoparticles probed by plasmon resonance spectroscopy[J]. Nano letters,2012,12(2):780-786.

[7] APPAVOO K, WANG B, BRADY N F, et al. Ultrafast phase transition via catastrophic phonon collapse driven by plasmonic hot-electron injection[J]. Nano letters,2014,14(3):1127-1133.

[8] BERGLUND C N,GUGGENHEIM H J. Electronic properties of VO_2 near the semiconductor-metal transition[J]. Physical review,1969,185(3):1022-1033.

[9] CAVALLERI A,RINI M,CHONG H W,et al. Band-selective measurements of electron dynamics in VO_2 using femtosecond near-edge X-ray absorption[J]. Physical review letters,2005,95(6):067405.

[10] KONG T,MASTERS M W,BUD'KO S L,et al. Physical properties of $V_{1-x}Ti_xO_2$ ($0<x<0.187$) single crystals[J]. APL materials,2015,3(4):041502.

[11] PARK J H,COY J M,KASIRGA T S,et al. Measurement of a solid-state triple point at the metal-insulator transition in VO_2 [J]. Nature,2013,500(7463):431-434.

[12] CAO J,GU Y,FAN W,et al. Extended mapping and exploration of the vanadium

dioxide stress-temperature phase diagram[J]. Nano letters, 2010, 10(7): 2667-2673.

[13] POUGET J P, LAUNOIS H, D'HAENENS J P, et al. Electron localization induced by uniaxial stress in pure VO_2[J]. Physical review letters, 1975, 35(13): 873-875.

[14] POUGET J P, LAUNOIS H, RICE T M, et al. Dimerization of a linear Heisenberg chain in the insulating phases of $V_{1-x}Cr_xO_2$[J]. Physical review B, 1974, 10(5): 1801-1815.

[15] OKIMURA K, WATANABE T, SAKAI J. Stress-induced VO_2 films with M2 monoclinic phase stable at room temperature grown by inductively coupled plasma-assisted reactive sputtering[J]. Journal of applied physics, 2012, 111(7): 073514.

[16] RÚA A, CABRERA R, COY H, et al. Phase transition behavior in microcantilevers coated with M_1-phase VO_2 and M_2-phase VO_2: Cr thin films [J]. Journal of applied physics, 2012, 111(10): 104502.

[17] STRELCOV E, TSELEV A, IVANOV I, et al. Doping-based stabilization of the M2 phase in free-standing VO_2 nanostructures at room temperature[J]. Nano letters, 2012, 12(12): 6198-6205.

[18] ARCANGELETTI E, BALDASSARRE L, DI CASTRO D, et al. Evidence of a pressure-induced metallization process in monoclinic VO_2[J]. Physical review letters, 2007, 98(19): 196406.

[19] LAVEROCK J, KITTIWATANAKUL S, ZAKHAROV A A, et al. Direct observation of decoupled structural and electronic transitions and an ambient pressure monocliniclike metallic phase of VO_2[J]. Physical review letters, 2014, 113(21): 216402.

[20] YAO T, ZHANG X D, SUN Z H, et al. Understanding the nature of the kinetic process in a VO_2 metal-insulator transition[J]. Physical review letters, 2010, 105(22): 226405.

[21] WEGKAMP D, HERZOG M, XIAN L D, et al. Instantaneous band gap collapse in photoexcited monoclinic VO_2 due to photocarrier doping[J]. Physical review letters, 2014, 113(21): 216401.

[22] MORRISON V R, CHATELAIN R P, TIWARI K L, et al. A photoinduced metal-like phase of monoclinic VO_2 revealed by ultrafast electron diffraction[J]. Science, 2014, 346(6208): 445-448.

[23] KIM H T, LEE Y W, KIM B J, et al. Monoclinic and correlated metal phase in VO_2 as evidence of the Mott transition: coherent phonon analysis[J]. Physical review letters, 2006, 97(26): 266401.

[24] KIM H T, CHAE B G, YOUN D H, et al. Mechanism and observation of Mott transition in VO_2-based two- and three-terminal devices[J]. New journal of

physics,2004,6:52.

[25] GOODENOUGH J B. The two components of the crystallographic transition in VO_2[J]. Journal of solid state chemistry,1971,3(4):490-500.

[26] ZYLBERSZTEJN A,MOTT N F. Metal-Insulator transition in vanadium dioxide [J]. Physical review B,1975,11(11),4383-4395.

[27] RICE T M,LAUNOIS H,POUGEJ J P. Comment on "VO_2: Peierls or Mott-Hubbard? A view from Band theory"[J]. Physical review letters, 1994, 73(22),3042.

[28] WENTZCOVITCH R M,SCHULZ W W,ALLEN P B. VO_2: Peierls or Mott-Hubbard? A view from band theory[J]. Physical review letters,1994,72(21): 3389-3392.

[29] BIERMANN S, POTERYAEV A, LICHTENSTEIN A I, et al. Dynamical singlets and correlation-assisted Peierls transition in VO_2 [J]. Physical review letters,2005,94(2):026404.

[30] WEBER C,O'REGAN D D,HINE N D M,et al. Vanadium dioxide: a Peierls-Mott insulator stable against disorder[J]. Physical review letters,2012,108(25): 256402.

[31] GATTI M,BRUNEVAL F,OLEVANO V,et al. Understanding correlations in vanadium dioxide from first principles[J]. Physical review letters, 2007, 99 (26):266402.

[32] LARS H. New method for calculating the one-particle Green's function with application to the electron-gas problem[J]. Physical review,1965,139(139): A796-A822.

[33] EYERT V. VO_2: a novel view from band theory[J]. Physical review letters, 2011,107:016401.

[34] YUAN X, ZHANG Y B, ABTEW T A, et al. VO_2: Orbital competition, magnetism,and phase stability[J]. Physical review B,2012,86(23):235103.

[35] GRAU-CRESPO R, WANG H, SCHWINGENSCHLÖGL U. Why the Heyd-Scuseria-Ernzerhof hybrid functional description of VO_2 phases is not correct [J]. Physical review B,2012,86(8):081101.

[36] XIAO B,SUN J W,RUZSINSZKY A,et al. Testing the Jacob's ladder of density functionals for electronic structure and magnetism of rutile VO_2 [J]. Physical review B,2014,90(8):085134.

[37] ZHENG H H, WAGNER L K. Computation of the correlated metal-insulator transition in vanadium dioxide from first principles[J]. Physical review letters, 2015,114(17):176401

[38] KOSUGE K,UEDA Y,KACHI S,et al. Magnetic properties of $Fe_xV_{1-x}O_2$[J]. Journal of solid state chemistry,1978,23(1/2):105-113.

[39] POUGET J P,LEDERER P,SCHREIBER D S,et al. Contribution to the study

of the metal-insulator transition in the $V_{1-x}Nb_xO_2$ system—II magnetic properties[J]. Journal of physics and chemistry of solids, 1972, 33(10): 1961-1967.

[40] KRESSE G, JOUBERT D. From ultrasoft pseudopotentials to the projector augmented-wave method[J]. Physical review B, 1999, 59(3): 1758-1775.

[41] KRESSE G, FURTHMÜLLER J. Efficient iterative schemes forab initiototal-energy calculations using a plane-wave basis set[J]. Physical review B, 1996, 54(16): 11169-11186.

[42] PERDEW J P, ERNZERHOF M, BURKE K. Rationale for mixing exact exchange with density functional approximations[J]. The journal of chemical physics, 1996, 105(22): 9982-9985.

[43] ADAMO C, BARONE V. Toward reliable density functional methods without adjustable parameters: the PBE0 model[J]. The journal of chemical physics, 1999, 110(13): 6158-6170.

[44] GOODENOUGH J B. An interpretation of the magnetic properties of the perovskite-type mixed crystals $La_{1-x}Sr_xCoO_{3-\lambda}$[J]. Journal of physics and chemistry of solids, 1958, 6(6): 287-297.

[45] GOODENOUGH J B. Theory of the role of covalence in the perovskite-type manganites[La, M(II)]MnO_3[J]. Physical review, 1955, 100(2): 564-573.

[46] KANAMORI J. Superexchange interaction and symmetry properties of electron orbitals[J]. Journal of physics and chemistry of solids, 1959, 10(2-3): 87-88.

[47] LONGO J M, KIERKEGAARD P, BALLHAUSEN C J, et al. A refinement of the structure of VO_2[J]. Acta chemica scandinavica, 1970, 24: 420-426.

[48] MCWHAN D B, MAREZIO M, REMEIKA J P, et al. X-ray diffraction study of metallic VO_2[J]. Physical review B, 1974, 10(2): 490-495.

[49] MAREZIO M, MCWHAN D B, REMEIKA J P, et al. Structural aspects of the metal-insulator transitions in Cr-doped VO_2[J]. Physical review B, 1972, 5(7): 2541-2551.

[50] KOSUGE K. The phase transition in VO_2[J]. Journal of the physical society of Japan, 1967, 22(2): 551-557.

[51] WANG H, MELLAN T A, GRAU-CRESPO R, et al. Spin polarization, orbital occupation and band gap opening in vanadium dioxide: the effect of screened Hartree-Fock exchange[J]. Chemical physics letters, 2014, 608: 126-129.

[52] XIAO B, SUN J W, RUZSINSZKY A, et al. Testing the Jacob's ladder of density functionals for electronic structure and magnetism of rutile VO_2[J]. Physical review B, 2014, 90(8): 085134.

[53] KOETHE T C, HU Z, HAVERKORT M W, et al. Transfer of spectral weight and symmetry across the metal-insulator transition in VO_2[J]. Physical review letters, 2006, 97(11): 116402.

[54] MOLAEI R, BAYATI R, NORI S, et al. Diamagnetic to ferromagnetic switching in VO_2 epitaxial thin films by nanosecond excimer laser treatment[J]. Applied physics letters, 2013, 103(25): 252109.

[55] SCHWARZ K. CrO_2 predicted as a half-metallic ferromagnet[J]. Journal of physics F: metal physics, 1986, 16(9): L211-L215.

[56] MAZIN I I, SINGH D J, AMBROSCH-DRAXL C. Transport, optical and electronic properties of the half metal CrO_2[J]. Journal of applied physics, 1999, 85(8): 6220-6222.

[57] GUO H, CHEN K, OH Y, et al. Mechanics and dynamics of the strain-induced M1-M2 structural phase transition in individual VO_2 nanowires[J]. Nano letters, 2011, 11(8): 3207-3213.

[58] WOLLAN E O, KOEHLER W C. Neutron diffraction study of the magnetic properties of the series of perovskite-type compounds $[(1-x)La, xCa]MnO_3$[J]. Physical review, 1955, 100(2): 545-563.

[59] OKIMURA K, HANIS AZHAN N, HAJIRI T, et al. Temperature-dependent Raman and ultraviolet photoelectron spectroscopy studies on phase transition behavior of VO_2 films with M1 and M2 phases[J]. Journal of applied physics, 2014, 115(15): 153501.

[60] GOODENOUGH J B, HONG H Y P. Structures and a two-band model for the system $V_{1-x}Cr_xO_2$[J]. Physical review B, 1973, 8(4): 1323-1331.

[61] ROHLFING M, LOUIE S G. Electron-hole excitations in semiconductors and insulators[J]. Physical review letters, 1998, 81(11): 2312-2315.

[62] NELSON F J, IDROBO J C, FITE J D, et al. Electronic excitations in graphene in the 1-50 eV range: the π and $\pi+\sigma$ peaks are not plasmons[J]. Nano letters, 2014, 14(7): 3827-3831.

[63] LIEBSCH A, ISHIDA H, BIHLMAYER G. Coulomb correlations and orbital polarization in the metal-insulator transition of VO_2[J]. Physical review B, 2005, 71(8): 085109.

第14章　氧空位导致的二氧化钒低温相带隙变窄

本章通过密度泛函理论的 Heyd-Scuseria-Ernzerhof 杂化泛函方法对含氧空穴的低温绝缘 VO_2 非磁 M1 相进行第一性原理研究。研究发现，含氧空穴的 M1 的晶格参数几乎不变，但氧空穴附近的长的 V—V 键长却变短了。进一步研究发现，尽管纯的非磁 M1 的带隙是 0.68 eV，但含 O1 和 O2 位的氧空穴非磁 M1 带隙分别为 0.23 eV 和 0.20 eV，同时含有 O1 和 O2 位氧空穴非磁 M1 带隙为 0.15 eV，这很好地解释了实验结果。

14.1　引言

二氧化钒（VO_2）热色效应最早于1959年被发现[1]。在 340 K 的临界温度时，二氧化钒出现绝缘体-金属转变[1]，并伴随从单斜相（M1）到四方相（R）的第一序相转变[2]。由于热色效应，VO_2 在光电材料、智能窗和记忆材料[3-11]等方面有着广泛的应用。VO_2 单斜绝缘相（M1）中有一类长的 V—V 键和另一类短的 V—V 键，和四方金属相（R）中笔直排列的 V—V 键不同之处在于它们是曲折排列的。实验上 M1 的带隙为～0.67 eV，对应于 V 3d 带的 d11 和 Π* 键态之间的跃迁[12]。在金属 R 中，自由载流子浓度增加了几个数量级，自由载流子重叠带导致在近红外区转换大大减少[13]。对于 VO_2 带结构的基本性质及其在相变过程中的转变，Goodenough[2]在 1971 就已经描述了，也和后来报道的第一性原理计算结果基本符合[14]。

除了升温过程中 VO_2 会发生绝缘体-金属转变外，光照也可以使 VO_2 发生绝缘体-金属转变[15]。低于 340 K 的低温绝缘相中，VO_2 有单斜结构。这个单斜结构可以通过 V^{4+} 阳离子配对和沿 c 轴倾斜从高温 R 相衍生而来。光照产生的绝缘体-金属转变过程中[15]，光激发减少低温绝缘 M1 相中价带局域自旋单态，并注入电子在空间上延伸进入低温绝缘相的导带。这种瞬间的空穴光掺杂过程促使能量增加、晶格畸变，晶体结构向高对称的 R 相结构转变，绝缘体-金属转变发生。由于光电激发导致 VO_2 绝缘体-金属转变在技术上的潜在应用，Rini 等[16]考察了电信波长下 VO_2 的响应，展示了如何在玻璃中通过纳米颗粒使得超快相变与光学的几何结构兼容，并在 1.55 μm 处形成有效的室温开关。其他实验也已经报道了蛋白石基光子晶体中的 VO_2 的超快转换[17]。

Rini 等[15]研究光照导致 VO_2 绝缘体-金属转变发现，单晶中光子能量高于 670 meV 光照绝缘体-金属转变才能产生。这与多晶薄膜的情况不同，多晶薄膜中金属态的形成只需要用光子能量 180 meV 光照就可以[15]。180 meV 远低于 M1 相 670 meV 的带隙[12]，多晶薄膜中光照绝缘体-金属转变发生和 M1 相的 670 meV 带隙产生的矛盾，似乎难以理解。为了更好地解决这个矛盾并解释实验出现的现象，本研究采用第一性原理通过 Heyd-Scuseria-Ernzerhof（HSE）杂化泛函方法[18-19]计算了非磁性 M1 相含氧空位后的带隙变化情况。

氧空位被广泛认为对多晶薄膜中电阻转变产生重要影响，在多晶薄膜[20]中的晶界有足够的空间让氧空位存在，为氧空位提供一个储存库。通过紫外光子，TiO_2 中的氧空位[21]为其提供了一种有效的电子掺杂机制并首次导致产生了一种新的色散金属态。同样,多晶的 VO_2 薄膜晶界中可能也有一定数量的氧空位。光照多晶 VO_2 薄膜出现的绝缘体-金属转变可能和晶界中存在较多的氧空位有关。基于这个想法,本研究采用密度泛函理论杂化泛函的方法主要研究了氧空位后的非磁 M1 的带隙变化情况。研究结果表明,只含一个 O1 空位或 O2 空位的 M1 相的带隙大概为 200 meV,同时含一个 O1 空位和一个 O2 空位的 M1 的带隙为 150 meV。当前的计算结果能够非常好地解释 Rini 等研究的实验现象。在这些实验中,低于非磁性 M1 相的带隙 670 meV 的光子能量光照多晶薄膜,并有金属-绝缘体发生,这主要是由于氧空位导致 M1 带隙变窄。

14.2 计算方法

采用杂化泛函(HSE)方法和 PAW 势[22],通过 Ab-initio 模拟软件包(VASP)[23-24]对含氧空位的二氧化钒进行第一性原理计算。首先建立非磁态的 12 个原子的 M1 晶胞[25],充分优化它的晶格常数和原子位置。所有非自旋极化计算都是以优化后的 VO_2 晶胞为基础,建立在 96 个原子的超晶胞基础上进行的。非极化的超晶胞计算分以下几种情况:无氧空位、一个 O1 空位、一个 O2 空位、一个 O1 和一个 O2 同时空位。优化超晶胞的原子位置和晶格常数后得到图 14.1 所示的晶体结构图。本研究中采用 400 eV 作为平面波截止能。通过调参数最后获得和实验带隙符合较好的 680 meV 时交换关联混合参数和屏蔽参数作为本研究的参数,它们分别 0.18 和 0.2。赝势中 $11(p^6s^4d^1)$ 个电子和 6 个电子 (s^2p^4) 分别作为 V 和 O 氧原子的价电子。使用 G 点为中心的 $3\times3\times3$ k 点进行 12 个原子的晶胞计算和 $1\times1\times1$ k 点进行超晶胞计算,超晶胞态密度采用 $2\times2\times2$ k 点获得。电子步自洽收敛于两个连续的电子步为 10^{-4} eV,结构弛豫 Hellman-Feynman 力计算收敛于两个连续离子步的总能量差是 10^{-3} eV。

14.3 结果与讨论

低温下二氧化钒低温绝缘相(M1)实验上表现为非磁性,并拥有空间群为 $P2_1/c$ 的单斜结构。低温绝缘相的实验晶格常数如下: $\alpha=\gamma=90°$、$\beta=121.8°$、$a=5.743$ Å、$b=4.517$ Å、$c=5.375$ Å[25]。计算过程中,首先在实验晶体结构[25]基础上建立 12 个原子的 M1 晶胞[25],充分优化非磁态的晶格常数和原子位置。所有非自旋极化计算都是以优化后的 VO_2 晶胞为基础,建立在 $2\times2\times2$ 的 96 个原子的超晶胞基础上进行的。非自旋极化的超晶胞计算分以下几种情况:无氧空位、一个 O1 空位、一个 O2 空位、一个 O1 和一个 O2 同时空位。所有计算过程中的优化都包括原子位置和晶格常数的优化。无氧空位超胞的晶体结构由图 14.1(a)给出。充分优化无氧空位 M1 超晶胞后的晶格常数如下: $a=5.555$ Å、$b=4.543$ Å、$c=5.355$ Å、$\alpha=\gamma=90°$、$\beta=121.8°$。图 14.1(a)给出了优化后的 V—V 长键和短键长分别为 3.17 Å 和 2.44 Å。这些理论计算结果和实验符合得非常好[25]。

对于含氧空位的 VO_2,本课题主要考虑了只含一个 O1 空位和 O2 空位,以及同时含一个 O1 和 O2 空位的情况。图 14.1(b)~(d)分别给出了含一个 O1 位空位、含一个 O2 空位和同时含一个 O1 空位和一个 O2 空位超晶胞的晶体结构图。含氧空位的超胞和未含氧空

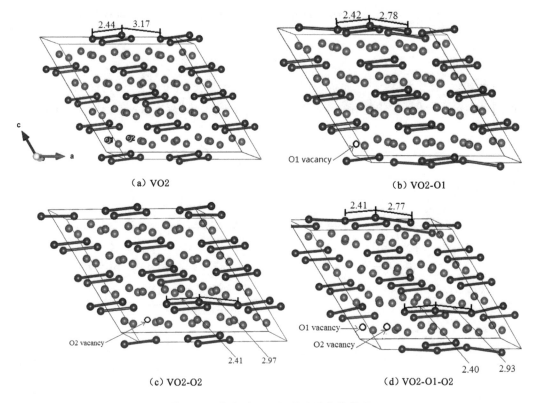

图 14.1 优化后 VO₂ 超晶胞晶体结构图

位的比较,尽管晶格参数和 V—V 短键长变化非常小,但氧空位周围的 V—V 长键长非常明显地发生了变化。不含氧空位的 V—V 长键长为 3.17 Å,O1 位空位的长键长为 2.78 Å,O2 位空位长键长为 2.97 Å,O1 与 O2 位同时空位附近长键长分别为 2.77 Å 和 2.93 Å。很明显,含氧空位后钒钒键长变短了大概 0.20～0.40 Å。含氧空位后钒钒键长变短可能是带隙变窄的重要原因。

不同情况下 VO₂ 的总态密度和分波态密度展示在图 14.2 中。由 14.2(a)可知,V 3d 带构成价带顶和导带低,带隙主要在 V 3d 的 d11 和 Π* 间打开。图 14.2(a)给出了无氧空位的低温绝缘体 M1 相的 VO₂ 的超胞态密度。根据当前计算结果,非磁性 M1 的带隙大小为 680 meV,也与之前的 HSE 理论计算结果吻合[26],和实验带隙[12] 670 meV 大小几乎相同。在单晶中,只有光照光子能在 670 meV 以上绝缘体-金属转变才能产生[15],和当前计算结果不矛盾。本章还分别计算了以下几种情况超晶胞的态密度:含一个 O1 空位;含一个 O2 空位;同时含一个 O1 和一个 O2 空位。计算结果表明,含一个 O1 空位超胞的带隙为 230 meV,含一个 O2 空位超胞的带隙为 200 meV,同时含一个 O1 和一个 O2 空位超胞带隙为 150 meV。图 14.3 给出了实验中二氧化钒发生绝缘体金属转变的光子最低能量(1～2)和当前理论计算中二氧化钒超胞的带隙(3～6)柱状比较图。根据当前的计算结果,含氧空位的带隙大概为 180 meV。根据 Rini 等[15]的实验结果,使得多晶薄膜发生绝缘体金属转变的最低光子能量是 180 meV。在多晶薄膜中的晶界可以作为一个存储库,为氧空位提供一个足够的空间,从而容易导致氧空位产生。结合当前的计算结果可以判断,实验上低到

180 meV 的光子能量就可以导致 VO_2 的绝缘体金属转变产生,可能主要是由多晶薄膜中有氧空位所导致的。

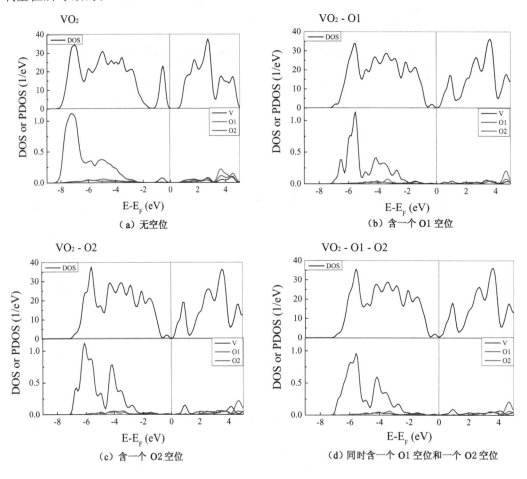

图 14.2　VO_2 超晶胞的总态密度和分波态密度

实验上,Rini 等[15]研究得出不同的光子能量光照可能使得单晶和薄膜的二氧化钒发生绝缘体-金属转变。在单晶中[15],光照光子能只有在高于 670 meV 时,绝缘体-金属转变才能发生,这主要是由于单晶由几乎不含氧空位的非磁 M1 相组成。根据计算结果可知,非磁 M1 的带隙是 680 meV。当光照光子能量低于 680 meV 时,M1 相中价带顶的 d 电子就无法吸收足够的光子能量从而跃迁入导带底,不会导致绝缘体-金属转变。当然,当电子能量达到或大于 680 meV 时,情况就完全不同了。价带顶的电子就可以吸收足够光子能从而跃迁入导带底,绝缘体-金属转变自然就发生了。但 Rini 等[15]研究多晶薄膜发现,光照光子能量低至 180 meV 依然有绝缘体-金属转变发生。单晶的 VO_2 材料和空气接触只有外表面一层,所以在制备过程中 VO_2 只有表层非常少的氧空位,系统的氧空位含量几乎没有。多晶不一样,由于多晶薄膜有很多晶界,生长多晶薄膜过程中,晶界表面和空气充分接触,这为氧空位提供足够的存储空间[20]。多晶薄膜和空气接触面都接触比较充分,当然多晶薄膜生长成以后会含有一定比例的氧空位。当前的计算结果也充分证实了这一点。含一个 O1 氧空位或一个 O2 氧空位时,超胞的带隙为 200 meV 左右;同时含一个 O1 和一个 O2 氧空位的超胞的带隙为 150 meV,这和实验上的 180 meV 非常接近。也就是说,由于多晶薄膜中存在比较多的晶界,在生长过程晶界处产生一定量的氧空位,这些氧空位将导致多晶薄膜的带隙为 180 meV 左右。这足以说明在 Rini 等的实验中,当光照光子能量低至 180 meV,多晶薄膜仍然会有绝缘体-金属转变发生。当前的计算结果很好地解释了 Rini 等的实验结果。

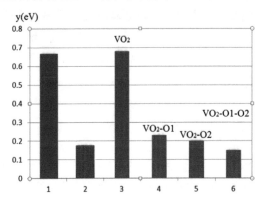

图 14.3　实验中二氧化钒发生绝缘体-金属转变的光子最低能量(1~2)和当前理论计算中二氧化钒超胞的带隙(3~6)柱状比较图

为了更好地认识氧空位掺杂导致 VO_2 的带隙变化,本研究进一步分析了氧空位的带分解电荷。图 14.4 所示是带分解电荷密度图,可以看出,O1 或 O2 空穴的价带 V—V 键都是通过 σ 键耦合的,而导带 V—V 键都通过 Π 键耦合。

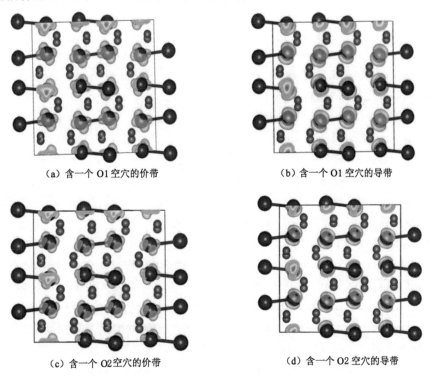

(a) 含一个 O1 空穴的价带　　　　(b) 含一个 O1 空穴的导带

(c) 含一个 O2 空穴的价带　　　　(d) 含一个 O2 空穴的导带

图 14.4　VO_2 超胞的带分解电荷密度

14.4 结论

本研究通过第一性原理非自旋极化计算研究氧空位 VO_2 超胞的结构和态密度,对含氧空位的超胞和未含氧空位的超胞比较发现,晶格参数没有明显的变化,但氧空位附近的 V—V 长键长明显变短。由于 V—V 长键长变短而导致带隙变小,带隙由无氧空位的 680 meV 变为有氧空位的 180 meV 左右。这个理论结果解释了 Rini 等看似和 M1 实验带隙相矛盾的光照多晶二氧化钒薄膜出现金属态的实验结果。

参考文献

[1] MORIN F J. Oxides which show a metal-to-insulator transition at the neel temperature[J]. Physical review letters,1959,3(1):34-36.

[2] GOODENOUGH J B. The two components of the crystallographic transition in VO_2[J]. Journal of solid state chemistry,1971,3(4):490-500.

[3] SHEN N,DONG B R,CAO C X,et al. Lowered phase transition temperature and excellent solar heat shielding properties of well-crystallized VO_2 by W doping[J]. Physical chemistry chemical physics:PCCP,2016,18(40):28010-28017.

[4] LU J P,LIU H W,DENG S Z,et al. Highly sensitive and multispectral responsive phototransistor using tungsten-doped VO_2 nanowires[J]. Nanoscale,2014,6(13):7619-7627.

[5] LEI D Y,APPAVOO K,LIGMAJER F,et al. Optically-triggered nanoscale memory effect in a hybrid plasmonic-phase changing nanostructure[J]. ACS photonics,2015,2(9):1306-1313.

[6] FAN L L,CHEN Y L,LIU Q H,et al. Infrared response and optoelectronic memory device fabrication based on epitaxial VO_2 film[J]. ACS applied materials & interfaces,2016,8(48):32971-32977.

[7] SUN G Y,CAO X,ZHOU H J,et al. A novel multifunctional thermochromic structure with skin comfort design for smart window application[J]. Solar energy materials and solar cells,2017,159:553-559.

[8] ZHANG D P,ZHU M D,LIU Y,et al. High performance VO_2 thin films growth by DC magnetron sputtering at low temperature for smart energy efficient window application[J]. Journal of alloys and compounds,2016,659:198-202.

[9] ITO K,NISHIKAWA K,IIZUKA H. Multilevel radiative thermal memory realized by the hysteretic metal-insulator transition of vanadium dioxide[J]. Applied physics letters,2016,108(5):053507.

[10] COY H,CABRERA R,SEPÚLVEDA N,et al. Optoelectronic and all-optical multiple memory states in vanadium dioxide[J]. Journal of applied physics,2010,108(11):113115.

[11] WEI J, WANG Z H, CHEN W, et al. New aspects of the metal-insulator transition in single-domain vanadium dioxide nanobeams[J]. Nature nanotechnology,2009,4(7):420-424.

[12] CAVALLERI A,RINI M,CHONG H H W,et al. Band-selective measurements of electron dynamics in VO_2 Using femtosecond near-edge X-ray absorption[J]. Physical review letters,2005,95(6):067405.

[13] DIETRICH M K,KUHL F,POLITY A,et al. Optimizing thermochromic VO_2 by co-doping with W and Sr for smart window applications[J]. Applied physics letters,2017,110(14):141907.

[14] CHEN L L, WANG X F, WAN D Y, et al. Tuning the phase transition temperature, electrical and optical properties of VO_2 by oxygen nonstoichiometry:insights from first-principles calculations[J]. RSC advances,2016,6(77):73070-73082.

[15] RINI M,HAO Z,SCHOENLEIN R W,et al. Optical switching in VO_2 films by below-gap excitation[J]. Applied physics letters,2008,92(18):181904.

[16] RINI M, CAVALLERI A, SCHOENLEIN R W, et al. Photoinduced phase transition in VO_2 nanocrystals:ultrafast control of surface-plasmon resonance [J]. Optics letters,2005,30(5):558.

[17] MAZURENKO D A,KERST R,DIJKHUIS J I,et al. Subpicosecond shifting of the photonic band gap in a three-dimensional photonic crystal[J]. Applied physics letters,2005,86(4):041114.

[18] HEYD J, SCUSERIA G E, ERNZERHOF M. Hybrid functionals based on a screened Coulomb potential[J]. The journal of chemical physics,2003,118(18):8207-8215.

[19] HEYD J, SCUSERIA G E, ERNZERHOF M. Hybrid functionals based on a screened Coulomb potential[J]. The journal of chemical physics,2003,118(18):8207-8215.

[20] YAN X B, LI Y C, ZHAO J H, et al. Roles of grain boundary and oxygen vacancies in $Ba_{0.6}Sr_{0.4}TiO_3$ films for resistive switching device application[J]. Applied physics letters,2016,108(3):033108.

[21] MOSER S,MORESCHINI L,JAĆIMOVIĆ J,et al. Tunable polaronic conduction in anatase TiO_2[J]. Physical review letters,2013,110(19):196403.

[22] KRESSE G, JOUBERT D. From ultrasoft pseudopotentials to the projector augmented-wave method[J]. Physical review B,1999,59(3):1758-1775.

[23] KRESSE G, FURTHMÜLLER J. Efficient iterative schemes forab initiototal-energy calculations using a plane-wave basis set[J]. Physical review B,1996,54(16):11169-11186.

[24] KRESSE G, HAFNER J. Ab initiomolecular dynamics for liquid metals[J]. Physical review B,1993,47(1):558-561.

[25] ANDERSSON G, PARCK C, ULFVARSON U, et al. Studies on vanadium oxides. II. the crystal structure of vanadium dioxide [J]. Acta chemica scandinavica,1956,10:623-628.

[26] EYERT V. VO_2: a novel view from band theory[J]. Physical review letters, 2011,107:016401.